"十二五"职业教育国家规划教材

经全国职业教育教材审定委员会审定

Gaoya Dianqi Shebei Yunxing Weihu

高压电气设备运行维护

柳志成　主　编

梁东霞　张亚红　副主编

田小芳[北京市地铁运营有限公司供电分公司]　主　审

人民交通出版社股份有限公司

China Communications Press Co.,Ltd.

内 容 提 要

本书为"十二五"职业教育国家规划教材,经全国职业教育教材审定委员会审定。全书根据职业教育的特点和城市轨道交通供电专业的人才培养目标,结合城市轨道交通运营企业对城市轨道交通供电专业岗位及相关岗位要求而编写,分为9个单元,主要内容包括城市轨道交通高压电气设备概述、电弧与电器触头的基本知识、高压开关电器及成套开关柜、直流断路器及成套开关柜、低压断路器及成套开关柜、牵引整流机组、互感器、电力电缆、高压电气设备防雷与接地。

本书可作为高职、中职院校城市轨道交通供电专业教材使用,也可供相关专业人员参考。

＊本书配有教学课件,读者可于人民交通出版社股份有限公司网站下载。

图书在版编目(CIP)数据

高压电气设备运行维护／柳志成主编. — 北京：

人民交通出版社股份有限公司, 2015.9

"十二五"职业教育国家规划教材

ISBN 978-7-114-12472-3

Ⅰ.①高⋯　Ⅱ.①柳⋯　Ⅲ.①高压电气设备 – 运行 –

高等职业教育 – 教材 ②高压电气设备 – 维修 – 高等职业教

育 – 教材　Ⅳ.①TM7

中国版本图书馆 CIP 数据核字(2015)第 203611 号

"十二五"职业教育国家规划教材

书 　 名：	高压电气设备运行维护	
著 作 者：	柳志成	
责任编辑：	刘　倩　韩莹琳	
出版发行：	人民交通出版社股份有限公司	
地 　 址：	(100011)北京市朝阳区安定门外外馆斜街 3 号	
网 　 址：	http://www.ccpress.com.cn	
销售电话：	(010)59757973	
总 经 销：	人民交通出版社股份有限公司发行部	
经 　 销：	各地新华书店	
印 　 刷：	北京鑫正大印刷有限公司	
开 　 本：	787×1092　1/16	
印 　 张：	11.75	
字 　 数：	272 千	
版 　 次：	2015 年 9 月　第 1 版	
印 　 次：	2015 年 9 月　第 1 次印刷	
书 　 号：	ISBN 978-7-114-12472-3	
印 　 数：	0001 – 3000 册	
定 　 价：	36.00 元	

(有印刷、装订质量问题的图书由本公司负责调换)

本书根据职业教育的特点和城市轨道交通供电专业的人才培养目标，结合城市轨道交通运营企业对城市轨道交通供电专业岗位及相关岗位要求而编写的。城市轨道交通供电专业学生主要就职城市轨道交通企业，从事城市轨道交通供电系统运行、设备检修、事故故障分析处理、安全管理等工作，成为掌握城市轨道交通供电系统高低压设备知识、继电保护知识、综合自动化系统知识，具备设备运行、检修、事故故障分析和处理能力的高素质技能型人才。轨道交通供电岗位从业人员需要具备高压电气设备运行维护的专业知识和能力，因此，根据该课程的教学标准，由院校、企业、行业专家共同编写了该教材。

本书主要内容包括城市轨道交通高压电气设备概述、电弧与电器触头的基本知识、高压开关电器及成套开关柜、直流断路器及成套开关柜、低压断路器及成套开关柜、牵引整流机组、互感器、电力电缆、高压电气设备防雷与接地，共9个单元。

本书由北京交通运输职业学院柳志成担任主编并负责统稿，北京铁路电气化学校梁东霞和辽宁铁道职业技术学院张亚红担任副主编，北京市地铁运营有限公司供电分公司田小芳主审。其他编写人员及分工是：单元1、单元3、单元5、单元7的7.1和7.2、单元9的9.2由北京交通运输职业学院柳志成编写；单元2由辽宁铁道职业技术学院胡利民编写；单元4、单元6由北京铁路电气化学校梁东霞编写；单元7的7.3由北京交通运输职业学院吴晓华、李红莲编写；单元8由辽宁铁道职业技术学院张亚红编写；单元9的9.1由北京建筑材料检验研究院有限公司杨永奇编写；单元9的9.3由北京铁路电气化学校王晓波编写。

本书可作为城市轨道交通供电专业的教材，也可作为城市轨道交通类相关专业的学生、技术人员参考或自学用书。

本书在编写过程中,参考了大量专业书籍、文献资料和网络资料以及设备生产厂家的实物图及说明,在此向所有的作者表示衷心的感谢。

由于编者水平有限,加之时间仓促,错误和不妥之处在所难免,恳请各位专家和广大读者批评指正。

编　者
2015 年 4 月

目录
MULU

单元1 城市轨道交通高压电气设备概述

[课题导入]

随着城市轨道交通的快速发展,特别在供电系统中大批新设备、新技术的引进,对于专业的城市轨道交通供电技术人员需要掌握新知识、新技术。现在的城市轨道交通供电系统高压电气设备日新月异,那么城市轨道交通供电系统由哪些部分组成,城市轨道交通变电站有哪些类型,什么是高压电气设备,高压电气设备是怎样分类的,各种高压电气设备的作用是什么? 本单元将概述这些内容。

[学习知识目标]

1. 了解城市轨道交通供电系统的组成。

2. 掌握外部供电系统的含义。

3. 了解牵引供电系统的概念。

4. 理解城市轨道交通电动车辆的供电过程。

5. 掌握牵引变电站的受电方式及牵引变电站的特点。

6. 掌握动力照明系统的设备负荷及分类。

7. 了解城市轨道交通变电站类型。

8. 理解降压变电站供电过程。

[学习能力目标]

1. 能辨别变电站的类型。

2. 能认知城市轨道交通高压电气设备的分类。

3. 能绘制城市轨道交通供电系统示意图。

4. 能认知动力照明系统的设备。

[建议学时]

4 学时。

单元1.1 城市轨道交通供电系统的组成

一、城市轨道交通供电系统组成

城市轨道交通供电系统主要由外部供电系统、牵引供电系统、牵引网系统和动力照明系统组成。具体组成如图 1-1-1 所示。

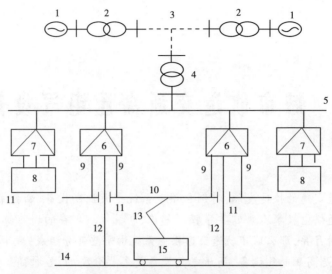

图 1-1-1　城市轨道交通供电系统

1-发电厂;2-升压变电站;3-城市电力网;4-主变电站;5-城轨中压供电网;6-牵引变电站;7-降压变电站;8-动力照明系统;9-馈电线;10-接触轨或接触网;11-供电分段;12-回流线;13-受电弓或受流器;14-钢轨回路;15-电动车辆

1. 外部供电系统

1) 外部供电系统概述

外部供电系统指向城市轨道交通供电系统提供电源的城市供电网络及以上部分。它包括了发电、输电、区域变电站等供电环节,即是从发电厂经升压变电站升压、电能传输到高压输电网、再传到区域变电站直至主变电站之前的部分。

2) 外部供电系统作用

外部供电系统就是城市轨道交通供电系统电源的接受和分配以及输变电系统,为分散在城市中的城市轨道交通供电系统的主变电站和牵引变电站提供电源。城市轨道交通供电系统的电源来自国家电网公司或提供电能的企业。外部供电系统一般提供电压的等级为110kV 等高压电源,也可提供 35kV 或 10kV 的电源,其电压等级情况根据采用的供电方式、线路位置、城市电网现状等因素进行提供,供电方式一般分为集中供电方式和分散供电方式。

2. 牵引供电系统

1) 牵引供电系统定义

从城市电网获得电能(一般电压等级为 110kV),经主变电站降压得到 10kV 或 35kV 的电源,再由牵引变电站经降压和整流得到直流 750V 或 1500V 的电源,为电动客车提供牵引用电。

2) 牵引供电系统作用

牵引供电系统主要由主变电站、牵引变电站组成,而牵引变电站主要有整流器和变压器组成。

牵引供电系统就是将城市电网的三相高压交流电(如 110kV) 经主变电站降为 10kV 或

35kV作为牵引变电站的进线电压,或者从城市电网直接获得10kV或35kV的电源作为牵引变电站的进线电压,再经牵引变电站整流和降压得到直流750V或直流1500V,目的是为牵引网系统提供可靠的电源。

3.牵引网系统

1)牵引网系统概念

牵引网系统是指从牵引变电站获得直流750V或1500V的电源,由馈电线把电能传输到接触网,电动车辆通过受电弓或受流器获得电能,再由逆变器把直流电变为交流电,输送给牵引电动机使电动车辆行驶,最后,电流通过钢轨回路、回流线流回到牵引变电站。

2)牵引网系统组成

牵引网系统主要由馈电线、接触网或接触轨、钢轨回路及回流线组成。

(1)馈电线:就是从地铁牵引变电站的10kV或35kV交流电压,经整流变压器变压后,通过整流器整流,向接触网或接触轨(第三轨)输送直流750V或1500V牵引电能的导线。

(2)接触网或接触轨(第三轨):接触网是通过城市轨道交通的电动列车上的受电弓向电动列车提供电能的电网,按其悬挂方式分为柔性接触网和刚性接触网。(一般在隧道内使用刚性接触网,在露天使用柔性接触网。)

接触轨是通过城市轨道交通的电动列车上的受流器向电动列车提供电能的电网,由于接触轨是沿线路敷设的与轨道平行的附加轨,故又称为第三轨。

(3)钢轨回路:电动车辆行驶时,利用钢轨作为牵引电流回流的电路,又称为走行轨。

(4)回流线:用于城市轨道交通电动车辆运行时产生的牵引电流返回牵引变电站的导线。

4.动力照明系统

1)动力照明系统的概念

动力照明系统就是降压变电站把主变电站、电源开闭站或城市电网(一般为10kV或35kV)的电压降为交流380V电压,向动力设备和照明系统提供电源。

2)动力照明系统的组成

动力照明系统主要由降压变电站、低压配电所、配电线路和动力照明设备等组成。

(1)动力设备:动力设备主要有风机、水泵、通信、信号及防火报警设备等。

(2)照明设备:照明设备主要有站台照明、工作照明、事故照明及应急照明等设备。

(3)低压配电所:低压配电所将220V或者380V的交流电供给动力、照明设备,起到电能分配的作用。

(4)低压配电线路:低压配电线路就是低压配电所与用电设备之间的导线。

3)动力照明系统设备负荷的分类

动力照明系统设备负荷按影响城市轨道交通程度可分为三级负荷,即

(1)一级负荷:应急照明、变电所操作电源、自动售检票系统设备、屏蔽门、消防泵、通信系统设备及信号系统设备等为特别重要负荷。这类负荷一旦停电,将导致轨道交通中断运营。

(2)二级负荷:普通风机、排污泵、电梯和自动扶梯等。这类负荷一旦停电,会对轨道交通的运行造成很大的影响。

(3)三级负荷:空调、锅炉设备、广告照明、清洁设备、电热设备及维修电源等。这类负荷一旦停电,不会对轨道交通运行造成大的影响。

4)动力照明系统的作用

动力照明供电系统主要由降压变电站、低压母线排、配电设备、线缆及用电设备等组成。提供城市轨道交通机电设备的动力电源和照明电源。

二、城市轨道交通供电系统对电动车辆的供电过程

具体供电过程如下:

(1)发电厂把其他形式的能源转化为电能,首先通过升压变电站进行升压,进行高压输电,由高压输电网将电能传送到城市电网。

(2)城市电网的区域变电站为城市轨道交通系统提供电能,分两种情况:

①一种情况是主降压变电站从城市电力网获得高压电(例如 110kV),经过降压一般得到为 10kV 或 35kV。

②另一种情况是从城市电网直接获得 10kV 或 35kV,通过电源站或直接把电能传输给牵引变电站和降压变电站等。

(3)由牵引变电站经整流和降压一般得到直流 750V 或直流 1500V。

(4)由馈电线把直流低压电能传输到接触网,电动车辆通过受电弓或受流器获得电能,再由逆变器把直流变为交流电,输给牵引电动机使电动车辆行驶;最后,电流通过走行轨、回流线回到直流牵引变电站,完成一个完整的供电过程。

三、牵引变电站受电方式

城市轨道交通的供电电源一般来自城市电网的区域变电站,电压等级主要为 10kV 或 35kV。城市轨道交通变电站沿地铁线路分布,按接收区域变电站供电方式分类,牵引变电站受电方式主要有集中式受电、分散式受电和混合式受电 3 种。

1. 集中式受电

1)集中式受电的形式

一种集中式受电方式是指城市电网向城市轨道交通的专用主变电站供电,例如城市电网 110kV 电压等级经主变电站降压到 10kV 或 35kV,再向城市轨道交通的牵引变电站和降压变电站等提供电能。

另一种集中式受电方式是由设置在城市轨道交通线路某站的电源开闭站集中接受城市电网提供来的电源,例如 10kV 或 35kV 电压等级的电源,然后将其转供至附近数个牵引变电站或降压变电站等。

2)集中式受电的要求

由于城市轨道交通属于一级负荷用户,城市轨道交通电源开闭站需要有两路进线,两路进线应来自不同的城市电网的区域变电站,同时应允许合环操作,以提高供电的可靠性,变换运行方式的灵活性。

要求城市电网的变电站应具有足够的备用容量,以满足地铁牵引供电的要求;涉及较多如 110kV 变电站的增容改造,工程量较大。

3）集中式受电的特点

（1）专用主变电站的特点如下：

①供电可靠性高，受外界因素影响较小。

②主变电站可以采用 110kV 或 35kV 有载自动调压变压器，并有专用供电回路，供电质量好。

③城市轨道交通供电可独立进行调度和运营管理。

④检修维护工作相对独立方便，可提高地铁供电的可靠性和灵活性，牵引整流负荷对城市电网的影响小，只涉及城市电网几个变电站的增容改造，工程量较小，相对易于实现，投资较小。

⑤便于城市电网进行统一的规划和管理。

（2）采用电源开闭站的特点主要有如下几点：

①可以自主调度，改变运行方式灵活简便，很适合地铁这种供电系统复杂，倒闸、检修作业频繁的单位。

②由于只有两条进线线路，维护费用也相对较低。

③由于一个电源开闭站为附近数个城市轨道交通变电站供电，一旦电源开闭站发生事故，会造成这个区段数个城市轨道交通变电站停电。

4）集中式受电的应用

城市轨道交通组成完整的供电网络系统，近几年新建的地铁系统多采用集中供电的方式，如上海、广州和深圳地铁等。

2. 分散式受电

1）分散式受电的形式

分散式受电是由分散在城市轨道交通线路沿线的变电站分别从城市电网区域变电站获得电能，电压等级一般为 10kV 或 35kV。

2）分散式受电的要求

城市电网在城市轨道交通线路沿线有足够的变电站和备用容量，并能满足地铁牵引供电的可靠性要求。例如早期的北京地铁采取的就是这种供电方式。

3）分散式受电的特点

分散式受电的特点主要有以下几点：

（1）因同时受 110kV 和 10kV 电网故障影响，故受外界因素影响较多。

（2）10kV 电网直接向一般用户供电，引起的故障概率大，可靠性较低。

（3）与城市电网的接口多，调度和运营管理环节增多，故障状态下的转电不方便。

4）分散式受电的应用

分散式受电是指沿地铁线路的城市电网（通常是 10kV 电压等级）分别向各沿线的地铁牵引变电所和降压变电所供电。

3. 混合式受电

1）混合式受电的形式

混合式受电就是分散式与集中式受电相结合的供电方式，是上述两种供电方式的结合,可充分利用城市电网的资源,节约投资;但在供电可靠性方面不如集中供电方式,管理亦不够方便。牵引整流机组产生的高次谐波直接进入 10kV 电网,对其他用户的影响较大。

2)混合式受电的特点

(1)可充分利用城市电网的资源,节约投资。

(2)混合式受电的可靠性不如集中式受电方式,管理亦不够方便。

对于某一城市究竟应采用哪种受电方式,需要根据城轨交通用电负荷并结合该城市电网的具体情况进行分析。若该城市的电力资源缺乏,变电站较少,采用分散供电方式时由于需要新建多个地区变电站而使投资增大,在此情况下采用集中供电方式就比较合适。该供电方式具有管理方便、供电可靠性相对较高等优点。若城市的电力资源较丰富,沿城轨交通线路的地区变电站较多且容量也足够给城轨交通供电,则采用分散供电方式可节约建设资金。当城市电网的情况介于上述两种情况之间时,可考虑采用分散与集中相结合的受电方式。

单元 1.2　城市轨道交通变电站的类型

按变电站的功能不同,城市轨道交通变电站主要分为电源站、主变电站、牵引变电站、降压变电站、牵引降压混合变电站和电源牵引降压混合变电站。

一、电源站

电源站两路进线直接从城市电网引进 10kV 或 35kV 的电源,分别经开关送电到本站 10kV 或 35kV 的母线上,然后通过 10kV 或 35kV 馈出开关供给本区域的牵引变电站、降压变电站作为进线电源。由于此类变电站内没有主变压器,进线电压与馈出线电压相同,因此也称为电源开闭站。

二、主变电站

1.主变电站的含义

主变电站就是从城市电网中的高压(如电压等级为 110kV)经变压器变换为 10kV 或 35kV 电压。

2.主变电站的特点

主变电站的特点主要有:

(1)可根据负荷计算确定在城市轨道交通线路上设置的主变电站数量。

(2)为保证供电的可靠性,城市轨道交通线路通常设置 2 座或 2 座以上主变电站。每座主变电站设置 2 台主变压器,由城市电网地区变电站引入两路独立的(例如 110kV 电压)专用线路供电,两回路同时运行,互为备用,以保证供电的可靠性和供电质量。进线电源容量应满足远期该供电区域内正常运行及故障运行情况下的供电要求。

(3)低压侧 10kV 或 35kV 侧采用单母线分段接线,两段母线间设母联断路器,正常运行时母联断路器打开。

（4）正常运行时每座主变电站的两路（例如 110kV 电压）电源和 2 台主变压器分别运行。通过 10kV 或 35kV 馈出电缆分别向各自供电区域的牵引负荷和动力照明负荷供电。

（5）主变电站为城市轨道交通线路的总变电站，承担整条地铁线路的电力负荷的供电，一般都是牵引变电站采用集中式受电。

3. 主变电站的作用

主变电站的作用就是为牵引变电站和降压变电站提供电能，之后分别供给牵引变电站和降压变电站，城市轨道交通牵引变电站和降压变电站主要采用集中式受电方式。

三、牵引变电站

1. 牵引变电站的含义

牵引变电站将 10kV 或 35kV 的电源经整流变压器降压，再经整流器整流后变成供电动车辆使用的直流 750V/1500V 电源。

2. 牵引变电站的特点

牵引变电站的特点主要有：

（1）牵引变电站的电源可以来自主变电站、电源开闭站或城市电网。

（2）牵引变电站的容量和设置的距离是根据牵引供电量计算的结果，并经过经济技术分析比较后所决定的。

（3）变电站的间隔一般为 2~3km，牵引变电站按其所需的总容量设置 2 组整流机组并列运行。

（4）沿线任一牵引变电站故障，则由两侧相邻的牵引变电站承担其供电任务。

3. 牵引变电站的作用

牵引变电站的作用就是向牵引供电网系统提供电能。

四、降压变电站

1. 降压变电站的含义

降压变电站是将 10kV 或 35kV 的电压经配电变压器降为 380V/220V，提供给动力和照明设备。

2. 降压变电站的特点

降压变电站的特点主要有：

（1）降压变电站可以与牵引变电站合并设置，也可单独设置。

（2）降压变电站应按一级负荷考虑，一般设有 2 台配电变压器，每台应满足一、二级负荷所需的容量。

（3）正常情况下，由 2 台变压器分别供电。

五、牵引降压混合变电站

牵引降压混合变电站是指同时具备牵引变电站及降压变电站功能的变电站。

六、电源牵引降压混合变电站

电源牵引降压混合变电站是指同时具备电源开闭站、牵引变电站和降压变电站功能的变电站。

单元 1.3　城市轨道交通高压电气设备

根据国家电网公司发布的安全规定,电压等级在 1000V 及以上的设备为高压电气设备;电压等级在 1000V 以下的设备为低压电气设备。

一、高压电气设备的概述

高压电气设备是指用来对电路进行开、合操作,切除和隔离事故区域,对电路运行情况进行监视、保护及数值测量的设备通称高压电气设备,它包括变压器、电力线路、断路器、隔离开关、熔断器、互感器及负荷开关等设备的统称。

二、高压电气设备的分类

高压电气设备根据在电路中的作用可分为开关电器、变压器、限制电器及成套设备等。

1. 按在城市交通供电系统中的作用分类

按在城市交通供电系统中的作用分类,主要分为以下几类:

(1)开关电器。主要用来关合与开断电路、隔离高压电源、实现安全接地的一种高压电气设备。

(2)变换电器。变换电器用来改变电路中的电压和电流。例如:互感器、变压器等。

(3)限制电器。限制电器用于保护电路中过电流和过电压等。例如:电抗器和避雷器等。

①电抗器。电抗器用来限制电路中的短路电流。

②避雷器。避雷器用来限制电路中出现的过电压。

(4)成套设备。成套设备就是把各种开关电器、变换电器和保护设备等组合起来。例如:成套开关柜、成套变电站和直流成套开关柜等。

2. 按安装地点分类

按安装地点分类,高压电气设备可以分为:

(1)户内式。高压电气设备主要指安装在设备用房内,一般不具有防恶劣天气等性能,一般户内式高压电气设备的工作电压都在 110kV 及以下。

(2)户外式。高压电气设备主要指安装在露天,能承受各种恶劣天气的变化,具备防雨、防风、防雪和防冰等性能,根据各地环境、投资和对设备可靠性要求的不同,户外式高压电气设备的工作电压一般在35kV或110kV及以上。

3.按照工作的电流制式分类

按照工作的电流制式分类,高压电气设备主要分为:

(1)交流电气设备。交流电气设备指高压电气设备工作在交流制电压和电流系统,包括单相交流制或三相交流制。

(2)直流电气设备。直流电气设备指高压电气设备工作在直流制电压和电流系统。

三、高压电气设备的性能要求

在城市轨道交通供电系统中,各类高压电气设备应当承受额定电压、额定电流的作用,以及过电压、过电流的作用。因此,对高压电气设备的各种性能要求如下:

1.电流

高压电气设备应能经受长期在正常电流下工作,设备的温度不超过给定的规定值,在短时的过电流和故障电流作用下也不允许触头熔焊,也不能因电动力、电磁干扰等影响继续正常工作。

高压电气设备在电流方面要求的主要参数有:额定电流、额定峰值耐受电流、额定短路开合电流、额定短时耐受电流等。

2.电压

高压电气设备应能经受在长期额定电压下工作,也能经受规定长期最大工作电压,短时过电压和大气过电压等而不损坏设备。

高压电气设备在电压方面要求的主要参数有最大工作电压、短时工频试验电压、操作波试验电压和雷电冲击波电压等。

四、高压电气设备的未来发展趋势

电器学科现在仍然是正在兴旺发达的科学之一,随着国民经济与国防建设现代化的迅猛发展,对电器提出愈来愈多的要求。目前,电器结构与工作原理不断地改进和创新,品种与规格日益繁多是其特点之一。

在电压等级方面,最高工作电压已经发展到765kV级以上,而且1500kV级超高压电器设备的样机也已研制出来;最低电压达到几伏以下。在电流等级方面,最高工作电流达到数万安培以上,而最小工作电流达到毫安级或更小的电器设备或元件。在电源频率方面,大家熟知的直流与50Hz或60Hz工频交流电源仍在广泛地应用。此外,低频、超低频、中频、高频、超高频及脉冲电源供电的电器元件与装置也被广泛地开发研制与应用。那么在城市轨道交通供电系统高压电气设备的发展也是方兴未艾,采用了新原理、新工艺、新介质,正在配应新一代高压电气设备。其发展趋势如下:

1.高压设备组合式电器和成套电器

目前,电器设备或元器件的结构尺寸已从半根火柴大小发展到高达数层楼高的巨型设备。对合理地组织生产与使用电器,科学合理地划分电压与电流等级,尽可能地减少系列产品的规格与型号有实际意义。尽量发展"组合式"、"积木式"、"标准单元",以及零部件通用化、互换性高的电器或元器件是十分重要的。

出现了各种组合开关柜及组合电器,如负荷开关—熔断器组合电器、高压接触器—熔断器组合电器、负荷开关—熔断器和避雷器组合电器,以及避雷器—隔离开关—电压互感器—电流互感器等各种组合,并已经发展到高级形式的组合成套装置以及全变电站的组合等。

2.大容量

另外,由于高电压、大电流可控硅元件研制成功,给发展直流输电网路提供了条件。为此,提出了切换直流输电网路的开关及电器设备要求。目前我国已在电气化铁道线上采用了22kV级以上的直流供电系统,在上海、西安等地已有电压为500kV的试验性线路。总的上说,在国内已从试验型走向运行型的阶段。目前许多科学工作者在理论与技术上不断有新的进展。国外已经有1000kV级的超高直流输电网路在运行,这一系统对超距离输电的经济价值比较大。

高压电器的发展与输配电网路的发展有着密切联系。目前,200万~300万kW的发电站已经出现,1000万~1200万kW大容量发电站是发展的必然趋势。

3.新原理、新工艺、新介质高压电气设备的应用

随着科技的发展,高压电气设备采用了新原理、新工艺、新介质。正在酝酿新一代高压电气设备,其主要应用如下:

(1)各种电器的极限工作电压与电流,即研究极限经济与可能输出容量问题。

(2)过电压防护的研究,研究过电压产生的原因与危害,从而采用相应的限制、降低或消除过电压的措施是非常有意义的。例如,500kV级变压器的用铜量与绝缘材料质量几乎差不多少。由此可见,研究降低过电压的措施对降低绝缘耐压水平是有实际意义的。目前已有办法可以做到限制分合操作过电压在1.5~2.0倍范围内。

(3)内绝缘游离放电,防老化与脏污的研究,长间隙空气外绝缘放电特性的研究。

(4)电弧熄灭的新原理、新介质的研究。例如真空开关、六氟化硫等,以及传统的提高压缩空气达150个大气压的方法等。

(5)新原理、新结构的研究。例如电容式电压互感器、光电式电流互感器(磁光效应式)、光脉冲重复频率调制式等。

(6)无油化开关电器大量的使用,绝缘油作为绝缘介质和灭弧介质的应用,已经有一百多年的历史,至今还在变压器、开关电器大量应用。但是绝缘油是一种易燃、易爆物质,而且运输不方便,因此无油化开关电器成为必然趋势,如SF_6和真空开关电器兴起。未来可能发展的开关电器,例如超导开关、静态电子开关、高环保开关等。

复习与思考题

1.城市轨道交通供电系统由哪些部分组成?
2.牵引变电站的受电方式有哪些?
3.电源开闭站的含义是什么?

4. 比较牵引变电站集中式受电和分散式受电的优缺点。

5. 什么是高压电气设备？

6. 高压电气设备是怎样分类的？

7. 比较一下牵引变电站和降压变电站的作用有什么不同。

8. 主变电站的作用和特点是什么？

9. 高压电气设备有哪些性能要求？

10. 简述高压电气设备未来的发展趋势。

单元 2　电弧与电器触头的基本知识

[课题导入]

研究高压电器,尤其是高压断路器,要使它们能可靠工作,必须对开关设备在断路过程中,其触头间产生的电弧的性质有一个清楚的了解,以便掌握现代高压电器设备的结构特点,正确地进行选择和使用。电器触头直接影响到电器设备和装置的可靠性,它的性能好坏直接决定了开关电器的品质。

[学习知识目标]

1. 了解电弧的产生和熄灭机理。

2. 掌握电弧的特点及危害。

3. 掌握电弧熄灭的基本方法。

4. 掌握影响触头电阻的因素。

5. 了解触头的分类。

[学习能力目标]

1. 了解常用高压断路器的灭弧方法。

2. 能分辨不同电器开关的触头系统。

3. 了解一些常用的触头材料。

[建议学时]

6 学时。

单元 2.1　电　弧　原　理

一、电弧的概念

当用开关电器开断有载电路时,如果电路电压超过 $10 \sim 20\text{V}$,电流超过 $80 \sim 100\text{mA}$,触头刚刚分离后,触头之间将产生强烈的白光,称为电弧,电弧实际上是一种气体放电过程。

从现象上看,电弧是一束明亮的光柱。从本质上讲,电弧是一种游离态气体的自持放电现象,是自由电子、带电离子定向移动的通道。放电现象是带电体周围介质从绝缘状态变为导通状态,从而使电能通过的现象。在开关设备进行切断电路或闭合电路时,若动、静触头之间的电场强度大于介质强度,则触头之间的绝缘气体被击穿,成为游离状态,在游离状态下的气体具有很强的导电性能,这实质上是绝缘介质转变成了导电体,也就是形成了电弧。

电弧有阴极区(包括阴极斑点)、弧柱区(包括弧柱和弧焰)、阳极区(包括阳极斑点)三部分组成,如图 2-1-1 所示。

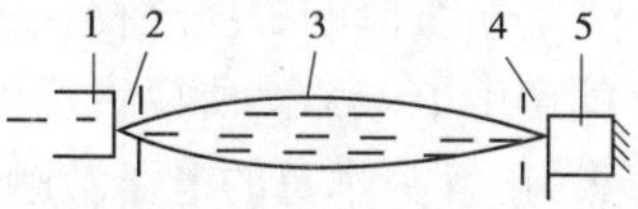

图 2-1-1

1-动触头;2-阴极区;3-弧柱;4-阳极区;5-静触头

二、电弧的特征

电弧特征主要有以下几点:

(1)电弧能量集中,温度很高,是强功率的放电现象。伴随着电弧,大量的电能转化为热能形式,使电弧处的温度极高,以焦耳热形式发出的功率可达 10000kW。电弧放电时,弧柱中心区温度可达 10000℃ 左右,电弧表面温度也会达到 3000 ~ 4000℃。

(2)电弧是等离子体,质量极轻,极易改变形状。电弧是一束质量很轻的游离态气体,在电动力、热力和其他外力作用下,很易弯曲、变形。电弧区内气体的流动包括自然对流及外界气体流动,甚至电弧电流本身产生的磁场都会使电弧受力,改变形状。

(3)电弧有良好的导电性能弧柱电流密度可达 10 kA/cm^2。电弧存在时,尽管开关触头断开,电路中仍有电流流通。只有当电弧熄灭后,电路中才无电流通过而真正断开。

(4)电弧是一种自持放电现象。不用很高的电压和很大的电流就能维持相当长的电弧稳定燃烧而不熄灭。电极间的带电质点不断产生和消失,处于一种动态平衡状态,弧柱区的电场强度很低,一般仅为 10 ~ 200V/cm。

三、电弧的危害

由于电弧具有上述特征,所以电弧的存在会对电力系统和电器设备造成危害,主要表现在以下几个方面:

(1)电弧的存在延长了开关电器开断故障电路的时间,加重了电力系统短路故障的危害。

(2)电弧产生的高温,将使触头表面融化和气化,烧坏绝缘材料,对充油电器设备还可能引起着火、爆炸等危险。

(3)由于电弧在电动力、热力作用下能移动,很容易造成飞弧短路和伤人,或引起事故的扩大。

(4)电弧存在时,尽管开关触头断开,电路中仍有电流流通,只有当电弧熄灭后,电路中无电流通过才真正断开。

四、电弧的产生

1. 电弧产生的根本原因

当开关触头切断通有电流的电路时,常常在触头间产生火花或电弧放电。当触头即将分离时,由于接触处的电阻急增,触头最后断开的一点将产生高热,待触头刚刚分离,动、静触头之间的电压在这极小的空隙中形成很高的电场,由于高温及高电场的作用,触头金属内部的电子便脱离电极向外发射,发射出来的电子在电场中吸取能量逐渐加速,当高速运动的电子碰到介质中的中性原子后,就能把中性原子撞裂为电子和正离子两个部分,新产生的自由电子马上又加入了这个碰撞行列,碰撞其他的中性原子,使它们游离,这样继续下去,便产生了崩溃似的游离过程。由于介质中充满了大量的自由电子和正离子,形成导电通道,这样就产生了电弧。所以说产生电弧的根本原因是开关触头在分断电流时,触头间电场强度很大,使触头本身的电子及触头周围介质的电子被游离而形成电弧电流。

2. 产生电弧的游离方式

1)游离

在高温及碰撞的条件下,中性质点分裂成电子和离子,称为游离。

2)热电子发射

当开关设备的触头分断有载电路时,动、静触头分离瞬间,触头间的接触压力及接触面积逐渐缩小,接触电阻增大,使接触部位剧烈发热,导致阴极表面温度急剧升高而发射电子,形成热电子发射。发射电子的多少与阴极表面温度及阴极的材料有关。

3)强电场发射

当开关电器断开瞬间,由于动、静触头的距离很小,触头间的电场强度就非常大,在强电场作用下,电子从阴极表面被拉出来,产生强电场发射电子。

4)碰撞游离

从阴极表面发射出来的电子在电场力的作用下高速向阳极运动,在运动过程中不断地与中性质点(原子和分子)发生碰撞。当高速运动的电子积聚足够大动能时,就会从中性质点中打出一个或多个电子,使中性质点游离,这一过程称为碰撞游离。新产生的电子将和原有的电子一起以极高的速度向阳极运动,当碰撞到其他中性质点时,将再次发生碰撞游离。这样连续不断地游离,就使气体介质中带电质点大量增加,具有很大的电导,在外加电压作用下,气体介质被击穿,形成电弧放电。

碰撞游离的强度受气体压力大小的影响。当气体压力越大,则分子间的自由行程越小,往往因为自由电子在没有获得足够的动能就与过密中性质点相碰撞,因而使中性质点发生碰撞游离的强度下降。当气体压力过低时,触头间隙内中性质点数大量降低,受电场力加速的自由电子和中性质点相碰撞的机会大为下降,因此碰撞游离的强度也大为降低。碰撞游离现象也随着触头两端所施加的电压高低而强弱不同,电场强度增大,自由电子在运动中经过较短的行程即可获得使中性质点被碰撞而发生游离的动能。

5)热游离

触头间电弧燃烧的间隙,称为弧隙。弧隙的温度很高,弧柱的温度可达 5000～13000℃。弧柱中气体分子在高温作用下产生剧烈运动,动能很大的中性质点互相碰撞时,将被游离而形成电子和正离子,这种现象称为热游离。弧柱导电就是靠热游离来维持的。

从上述可见,电弧由碰撞游离产生,靠热游离维持,而阴极则借强电场或热电子发射提供传导电流的电子,因此维持电弧稳定燃烧的电压就不需要很高。

3. 开关电弧的形成过程

断路器断开有载电路过程中电弧是这样形成的:触头刚分离时突然解除接触压力,因触头接触电阻增大,阴极表面立即出现高温炽热点,产生热电子发射。同时,由于触头间隙很小,使得电场强度很高,产生强电场发射。从阴极表面逸出的电子在强电场作用下,加速向阳极运动,发生碰撞游离,导致触头间隙中带电质点急剧增加,温度骤然升高,产生热游离并且成为游离的主要因素。此时,在外加电压作用下,间隙被击穿,形成电弧。

五、电弧的熄灭

在电弧中不仅存在着中性质点的游离过程,同时也存在着带正、负电荷的质点相互碰撞,交换多余的能量形成中性质点的去游离过程。如果单位时间内,去游离作用和游离作用相等,则电弧电流不变,电弧燃烧时稳定。若去游离的作用大于游离作用,则电弧电流减小,最后电弧熄灭。因此,要熄灭电弧,就必须加强去游离的作用。

1. 气体的去游离形式

1)复合

复合是正、负带电质点相互结合,交换各自多余的电荷,形成中性质点的现象。在弧柱内电子和正离子直接复合的机会极小,这是因为电子的运动速度很快,约为正离子的 1000 倍。一般情况下,是电子碰撞中性质点时,被中性质点捕获变成负离子,然后再与质量和运动速度相当的正离子互相吸引而接近,交换电荷后成为中性质点。还有一种情况是电子先被固体介质表面吸附后,再被正离子捕获后成为中性质点。复合的强度与电场强度的大小成反比,电场强度小时,离子运动速度低,复合的概率增加,当电极间电压接近零时,复合特别强烈。复合强度也与电弧温度有关,温度越低,则复合越强烈。

2)扩散

扩散是弧柱中的带电质点逸出弧柱以外,进入周围介质的现象。扩散有 3 种形式:

(1)温度扩散,由于电弧和周围介质间存在很大温差,使得电弧中的高温带电质点向温度低的介质周围扩散,减少了电弧中带电质点。

(2)浓度扩散,这是因为电弧和周围介质存在浓度差,带电质点就从浓度高的地方向浓度低的地方扩散,使电弧中的带电质点减少。

(3)利用吹磁扩散,在断路器中采用高速气体吹弧,带走电弧中大量的带电质点,以加强扩散作用。

3)气体分离

气体分子落到电弧高温区时,产生极快的热运动,如果气体温度足够高,使气体分子的运动速度极高,在分子的互相碰撞下,使之分离成原子。分子这样分离成原子时,要吸收大量的热能。形成的原子从电弧的区域扩散到周围气体介质,然后结合成分子而释放出分解时所吸收的热能,如此周而复始,使电弧的冷却加速,热游离减弱而加强复合。

2. 影响去游离的因素

1)电弧温度

电弧是由热游离维持的,降低电弧温度可以减弱热游离,减少新的带电质点的产生。同时,也减小了带电质点的运动速度,加强了复合作用。通过快速拉长电弧,用气体或油吹动电弧,或使电弧与固体介质表面接触,都可以降低电弧的温度。

2)介质的特性

电弧燃烧时所在介质的特性在很大程度上决定了电弧中去游离的强度,这些特性包括:导热系数、热容量、热游离温度和介电强度等。这些参数值越大,则去游离过程就越强,电弧

15

就越容易熄灭。

3）气体介质的压力

气体的压力越大，电弧中质点浓度就越大，质点间的距离就越大，复合作用越强，电弧就容易熄灭，在高的真空中，由于发生碰撞的概率很小，抑制了碰撞游离，而扩散作用也很强。

4）触头材料

当触头采用熔点高、导热能力强和热容量大的耐高温金属时，减少了热电子发射和电弧中的金属蒸气，有利于电弧熄灭。

5）触头间电场强度

触头间电场的强弱，决定了带电质点发射的强度和带电质点运动的速度。电场弱，带电质点运动速度慢，复合过程强。

除了上述因素外，去游离还受开关开断电流大小限制，电流小，弧柱细，温度低，易复合。

六、交流电弧特性和熄灭过程

1. 交流电弧特性

在交流电路中，电流的瞬时值随时间变化，因而电弧的温度、直径以及电弧电压也随时间变化，电弧的这种特性称为动特性。由于弧柱的受热升温或散热降温都有一定过程，跟不上快速变化的电流，所以电弧温度的变化总滞后于电流的变化，这种现象称为电弧的热惯性。

在一个周期内，交流电弧及电压随时间的变化如图 2-1-2 所示，电弧电压呈马鞍形变化，即电流小时，电弧电压高，电弧电流大时，电弧电压减小且接近于常数。图 2-1-2 的 a)和 b)分别代表一般冷却和加强冷却的电流、电压变化曲线。从图中可以看出，加强冷却可使电弧电压尖峰增高。

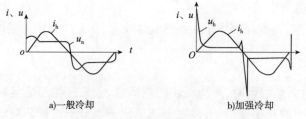

a)一般冷却　　　　　　　　　　　　　　b)加强冷却

图 2-1-2　交流电弧电压作用曲线

经过对图 2-1-2 的分析，可见交流电弧在交流电流自然过零时将自动熄灭，但在下半周随着电压的增高，电弧又重燃。如果电弧过零后，电弧不发生重燃，电弧就此熄灭。由于交流电弧存在动特性，使交流电弧比直流电弧容易熄灭。

2. 交流电弧熄灭过程

交流电流过零后，电弧是否重燃取决于弧隙介电强度和弧隙电压的恢复。

1）弧隙介电强度的恢复

弧隙介质能够承受外加电压作用而不致使弧隙击穿的电压称为弧隙的介电强度。电流最大值时，电弧温度最高，电弧中热游离最强烈，带电质点最多，弧隙导电性能良好，弧隙介电强度几乎为零。电流过零时，电源停止提供能量，弧隙温度骤降，热游离减弱，电源电压若同时过零,则弧隙中带电质点无电场力作用,其运动速度较慢,此时的去游离过程最强烈,弧隙中中性质点数量剧增,弧隙电阻增大,弧隙由良好导电状态逐渐变为中性的不导电状态,恢复为绝缘介质,电弧熄灭。而此时,弧隙的介质介电强度要恢复到正常值需要一定的时间,此恢复过程称为弧隙介质介电强度的恢复过程,用耐受的电压 $U_j(t)$ 表示。

弧隙介质介电强度的恢复过程中,耐受电压 $U_j(t)$ 主要取决于开关电器灭弧装置的结构和灭弧介质的性质。如图 2-1-3 所示为不同介质的介电强度恢复过程曲线。

2)弧隙电压的恢复过程

电流过零前,弧隙电压呈马鞍形变化,电压值很低,电源电压的绝大部分降落在线路和负载阻抗上。电流过零时,弧隙电压正处于马鞍形的后峰值处。电弧电流过零后,加在弧隙上电压变化过程称为弧隙电压恢复过程,此过程用 $U_{hf}(t)$ 表示,弧隙电压恢复过程与线路参数、负荷性质有关。受线路参数等因数影响,电压恢复过程可能是周期性的变化过程,也可能是非周期性的变化过程。

3)交流电弧熄灭条件

在电弧电流过零时,电弧自然熄灭。电流过零后,弧隙中同时存在着两个作用相反的恢复过程,即介电强度恢复过程和弧隙电压的恢复过程。如图 2-1-4 所示为弧隙恢复电压与介质介电强度曲线。从图中可见:如果弧隙介质介电强度在任何情况下都高于弧隙恢复电压,则电弧熄灭;反之如果弧隙恢复电压高于介质介电强度,弧隙就被击穿,电弧重燃。因此,交流电弧的熄灭条件为:

$$U_j(t) > U_{hf}(t)$$

式中:$U_j(t)$——弧隙介电强度;

　　　$U_{hf}(t)$——弧隙恢复电压。

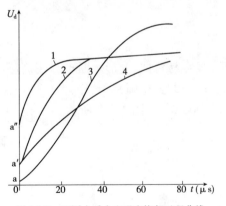

图 2-1-3　不同介质介电强度恢复过程曲线

1-真空;2-SF$_6$;3-空气;4-油

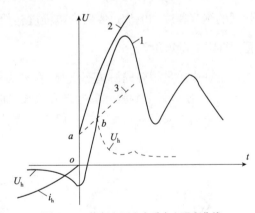

图 2-1-4　恢复电压和介质介电强度曲线

1-弧隙恢复电压曲线;2、3-弧隙介质介电强度曲线

单元2.2　开关电器常用的灭弧方法

一、在高压断路器中采用多断口,以降低触头间电压

高压断路器常制成每相两个或多个串联的断口(一对触头为一个断口),由于加在每个

断口上的电压降低,使电弧易于熄灭。

每一相有两个或多个断口相串联。在熄弧时,多断口把电弧分割成多个相串联的小电弧段。多断口使电弧的总长度加长,导致弧隙的电阻增加;在触头行程、断电速度相同的情况下,电弧被拉长的速度成倍增加,使弧隙电阻加速增大,提高了介质强度的恢复速度,缩短了灭弧时间。采用多断口时,加在每一断口上的电压成倍减少,降低了弧隙的恢复电压,亦有利于熄灭电弧。在要求将电弧拉到同样的长度时,采用多断口结构成倍减小了触头行程,也就减小了开关电器的尺寸,如图 2-2-1 所示。

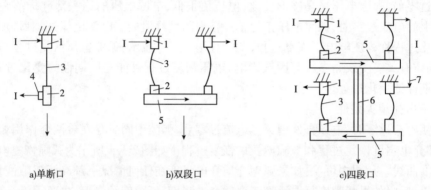

a)单断口　　　　　　　b)双段口　　　　　　　c)四段口

图 2-2-1　一相有多断口的触头示意图

1-静触头;2-动触头;3-电弧;4-可动触头;5-导电横担;6-绝缘杆;7-连线

二、采用强力分闸弹簧,提高触头的分离速度

如 ZN_6-27.5 型真空断路器,装有 2 条断电弹簧,用于断电时迅速拉长电弧,以提高弧隙介电强度的恢复速度和电流过零时介电强度初始值。

三、利用气体吹动电弧

电弧是一束质量很轻的游离态气体,在外力作用下,很容易弯曲、变形。断电时用高压气流吹动电弧,使电弧受到强烈的冷却和拉长,加强了去游离过程,电弧易于熄灭。

高压断路器中采用的吹弧方式一般有纵吹、横吹和纵横吹等,如图 2-2-2 所示。

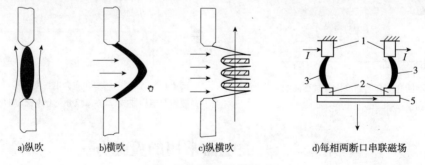

a)纵吹　　　b)横吹　　　c)纵横吹　　　d)每相两断口串联磁场

图 2-2-2　气吹电弧的方式

1. 纵吹

吹弧的介质(气流或油流)沿电弧方向的吹拂称为纵吹,纵吹能增强弧柱中的带电质点

向外扩散,使新鲜介质更好地与炽热电弧接触,加强电弧的冷却,有利于迅速灭弧。

2. 横吹

横吹时,气流或油流的方向与触头运动方向是垂直的,或者说与电弧轴线方向垂直。横吹不但能加强冷却和增强扩散,还能将电弧迅速吹弯、吹长。有介质灭弧栅的横吹灭弧室,如图 2-2-3 所示,栅片能更充分地冷却和吸附电弧,加强去游离。在相同的工作条件下,横吹比纵吹效果好。

3. 纵横吹

横吹灭弧室在开断小电流时因室内压力太小,开断性能较差。为了改善开断小电流时的灭弧性能,可将纵吹和横吹结合起来。在大电流时主要靠横吹,小电流时主要靠纵吹,这就是纵横吹灭弧室。

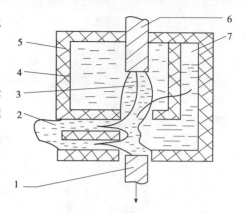

图 2-2-3 横吹灭弧室示意图
1-动触头;2-横吹孔;3-电弧;4-变压器油;5-密闭燃烧弧室;6-静触头;7-空气囊

四、利用磁吹法熄弧

按左手定则,当电弧电流垂直于外磁场时,电弧将受到磁场力的作用而发生弯曲、变形,使冷却作用加强,电弧易熄灭。这个磁场可以由互为反向的电弧电流产生(热气流使电弧弯曲、变形,电弧外表面电流互为反向建立磁场),如图 2-2-4 所示。也可以使电流通过安装于触头外侧或触头两侧的线圈产生,如图 2-2-5 所示。

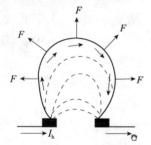

图 2-2-4 电弧在本身电流产生的电动力影响下的伸展

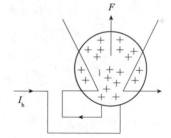

图 2-2-5 电弧在外加线圈磁场力影响下的移动

五、采用介质绝缘强度大、热容量大的气体作为灭弧介质

如采用 SF_6 气体作为灭弧介质,在气压为 9.8×10^4 Pa 时,其绝缘强度为空气的 $2 \sim 3$ 倍,在 $3 \times 9.8 \times 10^4$ Pa 时,与变压器油的绝缘强度相近。SF_6 气体分子量大,其分子捕捉电子成为负离子(即 SF_6 分子具有负电性)后,其导电作用十分迟缓,从而加速了弧隙绝缘强度的恢复,电弧易于熄灭。

六、加大气体介质压力或采用真空熄弧

将断路器的触头置于高真空中或适当加大弧隙间气体介质的压力,均有利于灭弧。真空灭弧室外部形状如图 2-2-6 所示,内部结构如图 2-2-7 所示。

图 2-2-6 真空断路器的真空
灭弧室外部形状

图 2-2-7 真空断路器的真空灭弧室内部结构图
1-动导电杆;2 导向套;3-波纹管;4-动盖板;5-波纹管
屏蔽罩;6-瓷壳;7-屏蔽罩;8-触头系统;9-静导电杆;
10-静盖板

七、在高压断路器断口上装设并联电阻或并联电容,用于降低恢复电压上升速度及降低熄弧时产生的过电压

1.断路器的断口上加装并联电阻

如图 2-2-8 所示,断路器每相有两对触头,QF2 为主触头,其上并联有电阻 R,QF1 为辅助触头。当断路器断开有载电路时,QF2 先断开,QF1 后断开。在 QF2 断开过程中,R 起分流作用,要求 R 值越小越好。QF2 断开后,R 与 QF1、L 串联,R 起分压作用,同时改变电路参数,要求 R 值越大越好。为限制弧隙恢复电压幅值和减小恢复电压的恢复速度,采用几十欧至几百欧的低值电阻;在切断小电感电流或电容电流时,为消除危险的过电压,采用几百欧至几千欧的中值电阻;为使断路器各断口间电压分布均匀,采用几万欧至几十万欧的高值电阻。

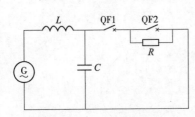

图 2-2-8 带有并联电阻的断路器
断开短路故障时的电路

2.断路器断口上加装并联电容

高压断路器采用多断口结构后,在开断单相接地故障时,每一个断口在开断位置的电压分配和开断过程中的恢复电压分配出现了不均匀现象,致使某个断口触头烧损严重,继而影响整个断路器的开断能力。

如图 2-2-9 所示为单相断路器在开断接地故障后的电路图。U_1、U_2 分别为两断口上的电压。电弧熄灭后,每个断口可看成是一个电容 C_d,中间导电部分与断路器底座和大地间也看成是一个对地电容 C_0。根据分析,两断口电压分布不均匀,靠近故障一侧的断口承受 1/3 倍的电源电压,电源侧断口承受 2/3 倍的电源电压,从而使电源侧断口首先烧毁。若在两断口处并联电容 C,如图 2-2-10 所示,并使 C 值远远大于 C_d 和 C_0 值(一般 C 值为 1000 ~ 2000 μF),当并联电容值足够大时,两断口分布的电压接近相等,从而提高了断路器的灭弧性能。

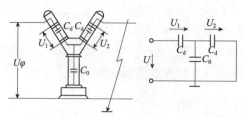

a)断路器中电容分布　　b)断口分布电压计算图

图2-2-9　两断口断路器断口上电容、电压分布电路

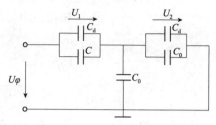

图2-2-10　有均压电容的等值电路

八、把长电弧分裂成短电弧

这种方法常用于低压开关中,如图2-2-11所示。在低压开关的触头上常罩有由金属栅片等组成的灭弧罩。当触头间发生的电弧进入与电弧垂直放置的金属栅片内时,可将一个长电弧分成一串短电弧。当电流过零时,所有短电弧同时熄灭,每一栅片间的介电强度立即恢复到某一数值。若每段弧隙介电强度值的总和大于触头上外加电压时,电弧熄灭。

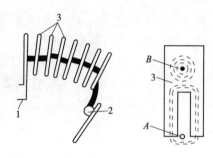

为使电弧迅速进入栅片内,可利用磁力吹动,如图2-2-11b)所示。灭弧栅片采用有缺口的钢片。当电弧电流在A处流动时,电弧电流将在灭弧栅片上建立磁场,此磁场力可将电弧拉入灭弧栅口深处B,从而加强了电弧的冷却作用,提高了开关的灭弧能力。

a)金属栅片　　　　　b)缺口钢片

图2-2-11　长电弧分成短电弧

1-静触头;2-动触头;3-栅片

九、利用固体介质的狭缝熄弧

(1)灭弧装置的灭弧片是由石棉水泥或陶土制成的。触头间产生电弧后,在磁吹装置产生的磁场作用下,将电弧吹入由灭弧片构成的狭缝中,把电弧迅速拉长的同时,使电弧与灭弧片内壁紧密接触,对电弧的表面进行冷却和吸附,产生强烈的去游离。原理如图2-2-12所示。

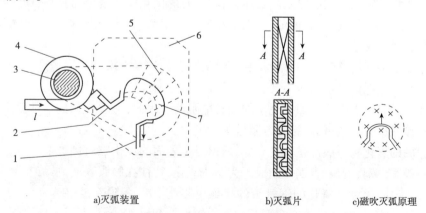

a)灭弧装置　　　　　b)灭弧片　　　　　c)磁吹灭弧原理

图2-2-12　狭缝灭弧装置的工作原理

1-动触头;2-静触头;3-磁吹铁芯;4-磁吹线圈;5-灭弧片;6-灭弧罩;7-电弧移动

（2）石英砂熔断器中的熔丝熔断时,在石英砂的狭沟中产生电弧。由于受到石英砂的冷却和表面吸附作用,使电弧迅速熄灭。同时,熔丝气化时产生的金属蒸气渗入石英砂中遇冷而迅速凝结,大大减少了弧隙中的金属蒸气,使得电弧容易熄灭。原理如图 2-2-13 所示。

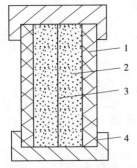

图 2-2-13　石英砂灭弧原理

1-管体;2-石英砂;3-熔丝;4-铜帽

十、采用优良的触头材料

触头材料对电弧中的去游离也有一定影响,用熔点高、导热系数和热容量大的耐高温金属制作触头,可以减少热电子发射和电弧中的金属蒸气,从而减弱了游离过程,有利于熄灭电弧。

如真空断路器的触头一般采用铜基二元或三元合金,提高真空触头的热稳定性,减少金属蒸气的产生,有利于真空电弧的熄灭。在具体的开关中,通常是将几种灭弧方法配合使用,以提高开关电器的灭弧能力。

单元 2.3　电器触头的基本知识

一、概述

电器触头是指两个或几个导体间相互接触的部分。例如母线或导线接触处及开关电器中的动、静触头,统称为电器触头。特别是开关电器中的触头,它是开关电器的执行元件,因此它的工作可靠与否,直接影响到开关电器的品质。在运行中,触头的工作状态不良,往往是造成设备严重事故的直接原因。所以,触头必须具备以下要求:结构可靠;具有良好的导电性能和接触性能,即触头必须有低的电阻值;通过规定的电流而不过热;具有足够的抗熔焊和抗电弧烧伤的性能;通过短路电流时,具有足够的动稳定性和热稳定性。

由于触头在正常工作和通过短路电流时发热都与接触电阻有关。因此,触头的品质在很大程度上取决于触头的接触电阻。实际上,触头间的接触面不是全部接触,而仅仅是几点接触。因此,接触电阻与触头表面的加工情况、表面氧化程度、触头间的压力及触头间的接触情况等都有直接关系。

开关电器触头间的接触压力一般是利用触头本身的弹性或附加的弹簧产生的。利用触头本身的弹性不能保证一定的压力,因为当经过多次接通或断开后,可能会造成弹性触头变形,使触头电阻增加,因而不能保证规定的接触电阻值。因此,一般在触头上都要附加弹簧,这样得到其接触压力比较可靠,接触电阻较为恒定。

金属表面的氧化物一般都是不良导体,所以触头表面的氧化物对接触电阻有很大影响。触头材料一般都由铜、黄铜、青铜等制成。为防止氧化,往往在触头表面镀锡或铅锡合金,这时触头的接触电阻比没有氧化的铜触头的接触电阻高 30% ~ 50%,且在运行中不再增加。在可断触头的结构上,使触头接通或断开时造成较大的摩擦,将触头表面的氧化层自动净化以减小接触电阻。对于室外装置或潮湿场所使用的大电流铜触头,触头表面常常镀银。银在空气中不易氧化,还会和空气中的硫化合成硫化银,硫化银电导与银相近,不影响接触电阻。对于钢制触头,其接触表面应镀锡,并涂上两层漆加以密封。铝制触头在空气中最易氧化,并产生具有很大电阻的氧化膜层,对接触电阻的影响最大。因此,铝制触头必须在表面涂中性凡士林油加以覆盖,以防止其氧化。

二、触头的电动稳定和热稳定

短路电流通过触头时,触头的电动稳定和热稳定是很重要的。

由于触头间表面接触不平整,电流只流过触头间的几个接触点,触头间的接触点越小,则接触电阻越大,发热温度越高。当短路电流通过时,触头可能严重过热,甚至在实际接触的地方发生融化,造成熔接,这说明触头的热稳定性不符合要求。

由于触头间的接触实际上是点接触,从横向来看相互接触的触头中电流的方向是相反的。如图 2-3-1 所示,这样,当短路电流通过触头时,就会产生一个附加的电动力 F',它与外加压力的作用正好相反,使触头有分开的趋势。触头间的接触点越少,则电动力越大。当 F' 大于外加压力时,触头会略微分开,此时触头间将产生电弧,触头可能被融化。而后,当短路电流减小,触头又重新接触时,就会形成触头熔接。不仅如此,在没有专门的锁住机构而短路电流又很大时,开关电器还可能在电动力的作用下自动断开,造成误动作。

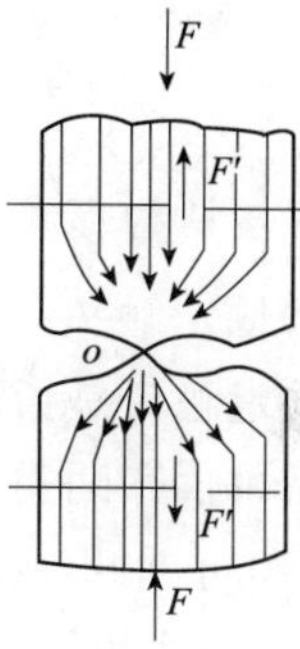

图 2-3-1 平面触头的接触情况

为了提高触头的电动稳定度,应在触头的结构上考虑利用短路电流所产生的电动力将触头压紧在一起。例如,采用双刀动触头来加持固定触头,或采用磁锁的办法。

三、触头的分类

1. 按接触面的形式分类

触头主要分为点触头、线触头和平面触头 3 种。

1) 点触头

点触头是指两个触头间的接触面为点状的触头,如球面和平面接触、两个球面接触等都是点接触,如图 2-3-2a) 所示。这种接触形式的优点是压强较大、接触点较固定、接触电阻稳定、触点结构简单、自净作用较强;缺点是接触面积小、不易通过较大电流,热稳定性差。

2) 线触头

近年来,在高低压开关电器中普遍采用线触头。线触头是两个触头间的接触面为线触柱面与平面接触,或两个柱面接触,如图 2-3-2b) 所示。线触头压力较大,在同样压力下,线触头比面接触触头的实际接触点要多。线触头在接通或断开时,触头间的运动形式是一个触头沿另一个触头的表面滑动。由于触头的压强很大,滑动时很容易把触头表面的金属氧化层破坏掉,从而减小接触电阻,铜制线触头的接触电阻是平面触头的 1/2 ~ 1/3,线触头的接触面积比较稳定,广泛应用于高、低压开关电器中。

3）平面触头

平面触头看似两个平面接触,实际上,这种触头在受压力很大时,接触点数和接触面积仍比较小,特别是当两个触头不能自动调节时,只要其中一个触头稍有歪斜,触头实际上便接触在一点,会产生较大的电动力,使触头有分开的趋势。因此,必须有较大的接触压力。如图2-3-2c)所示为面接触示意图。

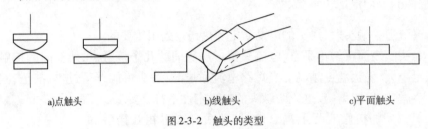

a)点触头　　　　　　　　b)线触头　　　　　　　c)平面触头

图2-3-2　触头的类型

2. 按结构形式分类

1）固定触头

固定触头是指连接导体之间不能相对移动的触头。固定触头按其连接方式可分为可拆卸和不可拆卸两类。

（1）可拆卸连接的固定触头:采用螺栓连接方式,以方便安装和维修,如图2-3-3所示。

（2）不可拆卸连接的固定触头:采用铆接或压接方式,触头连接后便不可拆卸,如图2-3-4所示。防腐的方法一般是在触头连接后,在外面涂以绝缘漆、瓷釉或凡士林油等。

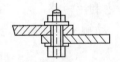
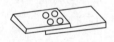

图2-3-3　可拆卸连接的固定触头　　　　　图2-3-4　不可拆卸连接的固定触头

2）可断触头

可断触头按其结构可分为对接式和插入式两大类。

（1）对接式触头（图2-3-5）。只适用于1000A以下的断路器中。优点:结构简单,分断速度快。缺点:接触面不够稳定,易发生触头弹跳,没有自净作用,触头易被烧伤,动热稳定性较差。

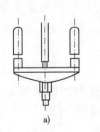
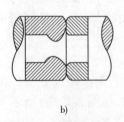
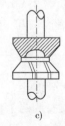

a)　　　　　　　　　b)　　　　　　　　　c)

图2-3-5　对接式触头

（2）插入式触头（图2-3-6）。优点:接触压力较小,有自洁作用,无弹跳,触头磨损小,动热稳定性好。缺点:除了刀形触头外,结构复杂,分断时间长。

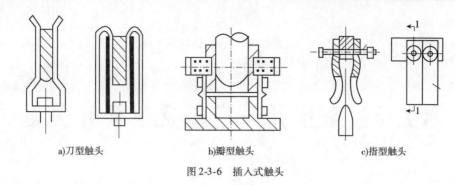

a)刀型触头　　　　　　　b)瓣型触头　　　　　　　c)指型触头

图 2-3-6　插入式触头

3)可动触头

可动触头也叫中间触头,又称滑动触头,是指在工作中被连接的导体总是保持接触,能由一个接触面沿着另一个接触面滑动的触头,如图 2-3-7 所示。

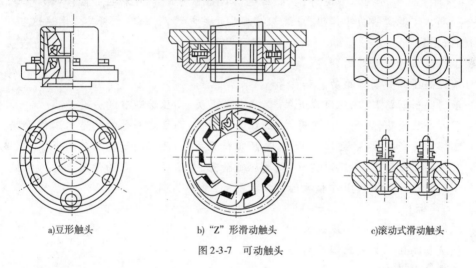

a)豆形触头　　　　　　b)"Z"形滑动触头　　　　　c)滚动式滑动触头

图 2-3-7　可动触头

复习与思考题

1. 电弧有什么特征?
2. 电弧的游离和去游离方式各有哪些?
3. 交流电弧有什么特征?
4. 开关电器中常用的灭弧方法有哪些?
5. 电器触头必须具备的条件有哪些?
6. 影响接触电阻的因素有哪些?如何减小接触电阻?
7. 电器触头有哪些形式?
8. 电弧对电力系统和电器设备有哪些危害?
9. 影响电弧去游离的因素有哪些?
10. 交流电弧熄灭的条件是什么?

单元3 高压开关电器及成套开关柜

[课题导入]

在城市轨道交通供电系统中,高压开关电器应在正常工作情况下可靠地接通或断开电路;在改变供电系统运行方式时进行切换操作;当供电系统中发生故障时迅速切除故障部分,以保证非故障部分的正常运行;在高压电器设备检修时隔离带电部分,以保证工作人员的安全。那么实现这些功能作用,应该都有哪些开关电器呢,本单元将具体阐述这些问题。

[学习知识目标]

1.了解高压开关电器的分类。

2.掌握高压开关电器的功能和作用。

3.了解高压断路器、高压隔离开关、高压负荷开关、高压熔断器的分类。

4.理解高压断路器、高压隔离开关、高压负荷开关、高压熔断器的构造与工作原理。

5.掌握高压断路器、高压隔离开关、高压负荷开关、高压熔断器的工作特点。

6.掌握高压断路器、高压隔离开关、高压负荷开关、高压熔断器的使用及运行维护。

7.掌握成套开关柜的操作和运行维护。

[学习能力目标]

1.能辨别不同类型的高压电器。

2.能认知高压开关电器型号的含义。

3.具备安全操作成套开关柜的工作能力。

4.能够进行高压开关设备的维护工作。

[建议学时]

28 学时。

单元3.1 概　　述

一、高压开关电器概念

高压开关电器是高压电路的主要设备,主要用来接通与断开电路、隔离高压电源、实现安全接地的一种高压电器设备。

二、高压开关电器

高压开关电器主要有以下几类:

1. 高压断路器

高压断路器是一种多功能的自动开关,不仅能通断正常的负荷电流,也可以用来通断短路电流。

2. 高压隔离开关

高压隔离开关用来将高压设备与电源隔离,以保证检修工作人员的安全。

3. 高压负荷开关

高压负荷开关用来接通或断开正常负荷电流,不能开断短路电流。

4. 高压熔断器

高压熔断器用来在电路发生过载和短路时,依靠熔件的熔断断开电路。

5. 接地开关

接地开关用来将过载电流或电压接入地下,属于隔离开关类别。

6. 接触器

接触器分为交流接触器和直流接触器,它应用于电力供应、配电与设备,适用于频繁操作的场合。

7. 重合器

交流高压自动重合器简称重合器,是一种自动控制及保护功能的高压开关设备,重合器具备故障电流检测和操作顺序控制与执行的功能,无须提供附加继电保护和操作装置。

8. 分段器

分段器是一种与电源侧前级开关配合,在失压或无电流的情况下自动断开的开关设备。

三、成套开关柜

成套开关柜是指生产厂家根据电器一次主接线图的要求,将有关的高低压电器(包括控制电器、保护电器、测量电器)以及母线、载流导体、绝缘子等装配在封闭的或敞开的金属柜体内,作为电力系统中接收和分配电能的装置。

单元 3.2　高压断路器

高压断路器(或称高压开关)是变电站主要的电力控制设备,它不仅可以切断或闭合高压电路中的空载电流和负荷电流,而且当系统发生故障时,能继电保护装置,切断短路电流,具有完善的灭弧结构和足够的断流能力。它是高压电器中一种功能最为全面的电器。

一、概述

1. 高压断路器的作用

1)控制作用

高压断路器不仅可以切断和接通正常情况下高压电路中的空载电流和负荷电流,根据

27

运行需要,把一部分电力设备或线路投入或退出运行。

2)保护作用

断路器可以在系统发生故障时与保护装置及自动装置相配合,迅速切断故障电流,防止事故扩大,保证系统的安全运行。还可以在电力线路或设备发生故障时,将故障部分电路从电网中快速切除,保证电网中的无故障部分电路正常运行。

2. 对高压断路器的要求

1)接通、断开功能

(1)能快速可靠地接通、断开各种负载线路和短路故障,且能满足断路器的重合闸要求。

(2)能可靠地接通、断开其他电力元件,且不引起过电压。

2)电器性能

(1)载流能力。

(2)绝缘性能。

(3)机械性能。

3. 高压断路器的型号含义

高压断路器的型号含义具体如下:

$$①②③…④/⑤⑥/⑦$$

①表示产品字母代号,用下列字母表示:

S——少油断路器;D——多油断路器;K——空气断路器;

L——SF₆断路器;Z——真空断路器;Q——产气断路器;

C——磁吹断路器。

②表示安装场所代号,N——室内;W——室外。

③表示设计系列顺序号,以数字1、2、3…表示。

④表示额定电压,单位 kV。

⑤表示其他补充工作特性标志,G——改进型;F——分相操作。

⑥表示额定电流,单位 A。

⑦表示额定断开电流,单位 kA。

例如:SN10-10 型,S 表示少油,N 表示室内,第一个 10 表示设计序号,第二个 10 表示额定电压 10kV。

二、高压断路器的分类

1. 按灭弧介质的不同分类

(1)油断路器。油断路器触头在绝缘油中开断,利用绝缘油作为灭弧介质的断路器。油断路器按其油量多少和油的作用,又分为多油式和少油式两大类。多油断路器的油,既作灭弧介质,又作绝缘介质,利用油作其相对地(外壳)甚至相与相之间的绝缘,因此油量多。少油断路器的油,只作灭弧介质,因此油量少。

(2)压缩空气断路器。压缩空气断路器以压缩空气作为灭弧介质和绝缘介质的断路器,灭弧所用的空气压力一般在 1013～4052kPa 的范围内。

（3）SF_6断路器。SF_6断路器以 SF_6 气体作为灭弧介质，或兼作绝缘介质的断路器。

（4）真空断路器。真空断路器触头在真空中开断，利用真空作为绝缘介质和灭弧介质的断路器，真空断路器需求的真空度在 $10^{-4}Pa$ 以上。

（5）另外还有磁吹断路器、产气断路器等类型。

2. 按装设地点的不同分类

（1）室外式：是指具有防风、雨、雪、污秽、凝露、冰冻及浓霜等性能，适于安装在露天使用的高压开关设备。

（2）室内式：是指不具有防风、雨、雪、污秽、凝露、冰冻及浓霜等性能，适于安装在建筑物内使用的高压开关设备。

三、常用高压断路器

1. 少油断路器

少油断路器由于油量少，外壳一般为红色，是带电的，不允许接地，比较安全，且外形尺寸小，便于在成套设备中装设。所以，一般 6～35kV 室内配电装置中多采用少油断路器。SN10-10 型少油断路器的外形图和结构图如图 3-2-1 所示。

2. 六氟化硫（SF_6）断路器

如图 3-2-2 所示的 LW30-126 型 SF_6断路器，是一种以 SF_6 气体作为灭弧和绝缘介质的断路器，采用自能式灭弧原理，配用全弹簧操纵结构。

a)外形图

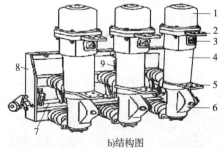

b)结构图

图 3-2-1　SN10-10 型少油断路器

1-铝帽；2-上接线端子；3-油标；4-绝缘筒；5-下接线端子；6-基座；7-主轴；8-框架；9-断路弹簧

图 3-2-2　LW30-126 型 SF_6断路器

1)LW30-126 型 SF_6 断路器的主要特点

(1)优良的性能。该产品采用先进的自能式灭弧原理,断开能力强、断开短路电流所需操作功率小、电器使用寿命长。

(2)采用可靠的全弹簧机构,机械寿命长,维护工作量极小。

(3)断路器所有的密封均采用双道"O"形圈密封,泄漏率低,且密封槽外涂专用的密封剂,以防止外部的腐蚀物质侵蚀密封圈。

(4)该断路器不检修周期长,可达 10 年不用维修。

(5)灭弧室部分进行了优化电场设计,优化了灭弧触头的结构,在触点上增加了屏蔽罩,使电场更加均匀,使介电强度恢复快,电弧不易复燃;采用分体式气缸(压气缸分压气室和膨胀室),充分采用电弧的自身能量来灭弧,使断开短路电流时的操作功率更小,电器寿命可达 20 次以上。

(6)结构简单,适用范围广。

(7)该产品主要由灭弧室、基座、支架及弹簧操纵机构等几部分组成,为三相分立的瓷柱式结构,三相共用一个底架,三相联动操作。配用一台 CT26 型弹簧操纵机构,机构输出拐臂通过拉杆与断路器本体相连。

(8)该产品操作时作用于支持构架和基础的冲击力小,噪声低,无燃烧和爆炸危险,适用于居民区,该产品按照极端环境设计,能用于地震烈度 8 度以下、覆冰厚度 10mm、污秽等级 IV 级、海拔 2500m 以下的广大地区。

(9)外形美观、防腐能力强。

(10)该产品进行了产品造型设计,采用了高强度细瓷套、设计了小型的不锈钢机箱,支架与横梁全部采用了热镀锌处理,使产品整体外形更加美观,更耐腐蚀。

2)SF_6 断路器的结构

SF_6 断路器主要由断路器本体、机械传动部分和导电回路 3 部分组成。

(1)断路器本体。SF_6 断路器三极安装在一个底箱上,内部贯通。并在箱内有一个传动轴,由 3 个主拐臂、3 个绝缘拉杆来操作导电杆。每极由上下两个绝缘筒构成断口和极对地的外绝缘,其内绝缘则靠 SF_6 气体来完成。箱体上有两个自封阀,其中一个作充放气用,另一个可作安装电接点真空压力表用。

(2)机械传动部分。有大轴、拐臂、推杆、主拐臂、断开弹簧、断开缓冲、接通缓冲以及接通弹簧等。

(3)导电回路。由上接线座、静触头、动触头和下接线座等组成。

3)SF_6 气体

SF_6 气体是无色、无臭、不燃烧、无毒的惰性气体,其密度是空气的 5.1 倍,绝缘能力比空气高 2.5 ~ 3 倍,灭弧能力高近百倍。其电器性能受电场均匀程度及水分等杂质影响较大。它的低氟化物对人体有危害,要求 SF_6 气体纯度高,设备不渗漏,年漏气量小于 1%。

SF_6 断路器是用 SF_6 气体作为灭弧和绝缘介质的断路器。由于 SF_6 气体具有优良的绝缘和灭弧性能,使得它作为新的绝缘介质得到了广泛应用。

4)SF_6 断路器的优点

SF_6 断路器断开能力强,通断性能优异,适于频繁操作,噪声小,灭弧室断口的耐压高,电器寿命长,没有火灾爆炸危险,检修周期长等;检修周期可达 10～20 年。

5)SF$_6$ 断路器的缺点

它的电器性能受电场均匀程度及水分等杂质的影响特别大,需要一套 SF$_6$ 气体系统,所以对其密封结构、元件结构和 SF$_6$ 气体的质量要求特别高,并需采取专门措施以防低氟化合物对人体及材料的危害和影响。

总之,SF$_6$ 断路器具有优越的性能,故近年来发展很快,电压等级在不断提高。因此,SF$_6$ 断路器的灭弧速度快,断流能力强,而且没有油断路器那种可能燃烧爆炸的危险。但是它的制造工艺要求较高,价格很贵,所以目前主要用在需频繁操作及有易燃易爆危险的场所。

3. VD4 型真空断路器

VD4 型真空断路器(图 3-2-3),适用于以空气绝缘的室内式开关系统中,在需进行频繁操作或需要断开短路电流的场合具有优良的性能,在开关柜内的安装形式既可以是固定式,也可以是抽出式,还可以安装于框架上使用,在城市轨道交通供电系统高压开关柜方面得到了广泛的应用。

真空断路器的触头装在真空灭弧室(图 3-2-4)内,它利用真空灭弧原理来灭弧。真空断路器具有体积小、质量轻、动作快、寿命长、安全可靠和便于维修等优点,适于频繁操作及故障较多的场合,但其价格也较贵。

图 3-2-3　VD4 型真空断路器

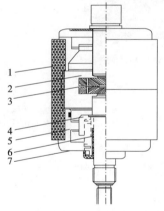

图 3-2-4　真空灭弧室的局部剖视图

1-陶瓷外壳;2-静触头;3-动触;4-金属波纹管;5-屏蔽罩;

6-导向圆柱套;7-筒盖

1)真空断路器的灭弧室结构

(1)外壳:由高强度的氧化铝陶瓷材料构成外壳,两端焊接不锈钢端盖形成密闭的腔室。

(2)内层:为金属屏蔽罩,吸附导电金属离子;保护陶瓷外壳免受金属喷溅物的损伤。

(3)波纹管:随动触头运动保持灭弧室真空状态。

(4)触头:采用铜铬合金材料。

2)真空开关灭弧原理

在真空中由于气体的平均自由行程很大,气体不容易产生游离,真空的绝缘强度比常压空气的绝缘强度要高得多。当开关分闸时,触头间产生电弧。触头表面在高温下会发出金属蒸气,由于触头设计为特殊形状,在电流通过时产生一个磁场,电弧在此磁场的作用下快速旋转。在金属圆筒(即屏蔽罩)上凝结部分金属蒸气。电弧在自然过零时就熄灭了,触头间的介质强度又迅速恢复起来。

3)VD4 型真空断路器详细结构

VD4 型真空断路器前面板主要有合闸按钮、分闸按钮、开关位置指示器、储能状态指示器和计数器等,如图 3-2-5 所示。

VD4 真空断路器剖面图各部分部件如图 3-2-6 ~ 图 3-2-9 所示;VD4 真空断路器真空灭弧室如图 3-2-10 所示;VD4 真空断路器浇注式极柱如图 3-2-11 所示;VD4 真空断路器主要二次元器件如图 3-2-12 所示。

图 3-2-5　断路器前面板

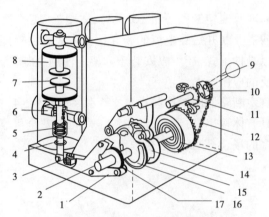

图 3-2-6　VD4 真空断路器结构图 1

1-双臂移动连杆;2-主轴;3-分闸弹簧;4-绝缘拉杆;5-压力弹簧;6-软连接;7-动触头;8-真空灭弧室;9-储能手柄;10-插孔;11-棘轮;12-传动链;13-带外罩的平面蜗卷弹簧;14-止动盘;15-脱扣机构;16-铜凸轮;17-凸轮盘

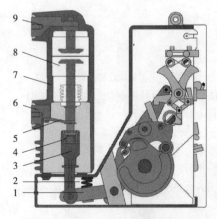

图 3-2-7　VD4 真空断路器结构图 2

1-拨叉;2-分闸弹簧;3-绝缘拉杆;4-触头压力弹簧;5-软连接;6-下出线端子;7-环氧树脂浇注的极柱;8-真空灭弧室;9-上出线端子

图 3-2-8　VD4 真空断路器结构图 3

1-用于主轴的脱扣与控制机构;2-储能电动机;3-脱扣与控制结构区;4-辅助开关盒;5-手柄的插孔;6-棘轮;7-传动链;8-带外罩的平面蜗卷弹簧

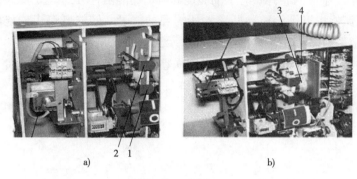

a)　　　　　　　　　　　　b)

图 3-2-9　分合闸图

1-手动分闸按钮;2-手动合闸按钮;3-合闸线圈;4-合闸闭电磁铁锁

图 3-2-10　真空灭弧室

1-圆柱式终端;2-端盖;3-陶瓷绝缘壳;4-金属波纹管;5-动触头;6-屏蔽罩;7-静触头;8-螺纹式终端

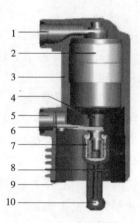

图 3-2-11　浇注式极柱

1-上连接端子;2-真空灭弧室;3-环氧树脂;4-引线柱;5-下连接端子;6-软连接;7-触头弹簧;8-绝缘拉杆;9-固定安装孔;10-驱动连接

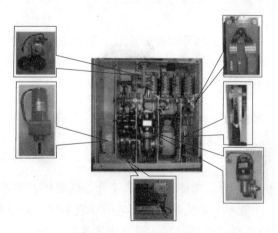

图 3-2-12　主要二次元器件

（1）储能机构。平面涡卷弹簧有手动储能和自动储能两种方式，通过装有棘轮的传动链使平面涡卷弹簧储能用以供给驱动断路器所需要的能量。储能既可由储能电动机自动进行，也可以用摇把手动储能，储能状态指示器显示当前的储能情况。

储能过程：通过装有棘轮的传动链使平面涡卷弹簧储能，以供给驱动断路器所需要的能量，储能既可由储能电动机自动进行，也可用往复摇动储能的手柄进行手动储能，储能状态指示器显示储能的情况。操作一次合闸过程后，由储能电动机自动进行再储能，也可进行手动再储能。

合闸　　　　　　分闸

储能————释放能量————（储能后）释放能量

涡卷弹簧释放能量，带动主轴正方向旋转，使动触头与静触头接触。合闸后储能，给分闸作准备。涡卷弹簧释放能量，带动主轴反方向旋转，使动触头与静触头分开。

（2）脱扣器、闭锁电磁铁和辅助开关。脱扣器和闭锁电磁铁安装在平面涡卷弹簧机构左上方，储能状态指示器驱动极式辅助开关，辅助开关控制储能电动机，当弹簧系统为充分储能时可对合闸脱扣器进行电器闭锁，并提供一个电气操作的准备信号。断路器根据切换位置来带动 5 极式辅助开关 S3、S4 及 S5，当断路器在分闸位置时，辅助开关 S3 开断断路器选加的分闸脱扣器的回路。当断路器在合闸位置时则辅助开关 S3 开断合闸脱扣器回路和选加的闭锁电磁铁的回路。辅助开关 S3 中还有一副备有的常开接点。当断路器在分闸位置时，辅助开关 S4 开断分闸脱扣器的回路，辅助开关 S4 中还有 1 对常开接点和 3 对常闭接点留作仪表、控制和连锁之用。

（3）合闸动作原理。当按下手动合闸按钮或启动合闸线圈，合闸过程便开始。脱扣机构释放由预先以储能的平面涡卷弹簧并转动主轴，凸轮盘和主轴一起转动，并通过拨叉推动绝缘拉杆，真空灭弧室内的动触头由绝缘拉杆带动向上运动，直至触头接触为止，同时压力弹簧被压紧，以保证主触头有适当的接触压力，在合闸过程中分闸弹簧也同时被压紧。

（4）分闸动作原理。当按下手动分闸按钮或启动脱扣器时，分闸过程便开始。脱扣机构允许仍有足够储能的平面涡卷弹簧去进一步转动主轴，有凸轮盘和拨叉释放分闸弹簧，于是触头和绝缘连杆以一定的速度向下运动至分闸位置。

四、高压断路器的技术参数

1. 额定电压

额定电压，也可称为标称电压，指断路器正常工作的线电压。它是表征断路器绝缘强度的参数，是断路器长期工作能承受系统最高工作电压。它不仅决定了断路器的绝缘距离，而且在相当程度上决定了断路器的外形尺寸。我国规定 220kV 及以下设备，其最高允许工作电压为其额定电压的 1.15 倍。

2. 最高工作电压

因为在输电线路上有电压损耗,那么在线路供电端电压就要高于线路受电端的额定电压,这样断路器必须能在高于额定电压的情况下长期工作,因此规定了断路器的最高工作电压这一指标。按照国家标准规定,对于额定电压在 220kV 及以下的断路器,其最高工作电压为额定电压的 1.1 ~ 1.5 倍;对于额定电压在 330kV 的断路器,其最高工作电压规定为额定电压的 1.1 倍。

3. 额定电流

额定电流是表征断路器通过长期电流能力的参数,即断路器在规定的条件下允许连续长期通过的最大工作电流,它是表征断路器通过长期电流的能力。

4. 额定开断电流

额定开断电流,它是表征断路器开断能力的参数。在额定电压下,断路器能保证可靠开断的最大电流。

5. 关合电流

关合电流是表征断路器关合电流能力的参数。因为断路器在接通电路时,电路中可能预伏有短路故障,此时断路器将关合很大的短路电流。这样,一方面由于短路电流的电动力减弱了合闸的操作力,另一方面由于触头尚未接触前发生击穿而产生电弧,可能使触头熔焊,从而使断路器造成损伤。断路器能够可靠关合的电流最大峰值,称为额定关合电流。额定关合电流和动稳定电流在数值上是相等的,两者都等于额定开断电流的 2.55 倍。断路器能够可靠关合的电流最大峰值,称为额定关合电流。

6. 动稳定电流

它是表征断路器通过短时电流能力的参数,反映断路器承受短路电流电动力效应的能力。断路器在合闸状态下或关合瞬间,允许通过的电流最大峰值。

7. 额定短时耐受电流

额定短时耐受电流(也称为热稳定电流)是表征断路器通过短时电流能力的参数,在规定的使用和性能条件下,在规定的短时间内,开关设备和控制设备在合闸位置能够承载的电流的有效值。它反映断路器承受短路电流热效应的能力。

8. 额定峰值耐受电流

额定峰值耐受电流(也称为动稳定电流)是指在规定的使用和性能条件下,开关设备和控制设备在合闸位置能够承载的额定短时耐受电流第一个大半波的电流峰值。额定峰值耐受电流应该等于 2.5 倍额定短时耐受电流。按照系统的特性,可能需要高于 2.5 倍额定短时耐受电流的数值。

9. 合闸时间

合闸时间是表征断路器操作性能的参数,指从断路器操动机构发出合闸信号起到断路器的主触头刚刚接通为止这段时间。

10. 分闸时间

分闸时间(也称为全分闸时间)是表征断路器操作性能的参数,指从操动机构分闸线圈接通到三相电弧完全熄灭为止的一段时间,包括固有分闸时间和熄弧时间。固有分闸时间是指从操动机构分闸线圈接通到三相触头刚刚分离这段时间。熄弧时间是指从主触头分离到各相电弧熄灭为止这段时间。从切断短路电流的要求出发,分闸时间越短越好。

11.触头行程

触头行程是指断路器在操作过程中触头从起始位置到终止位置所经过的距离,通俗的说也就是触头所走的总距离。

12.触头超程

触头超程是指断路器在合闸过程中动、静触头接触后,动触头继续前行的距离。

13.刚分速度

刚分速度是指断路器分闸过程中,触头刚刚分离时的速度。

14.刚合速度

刚合速度是指断路器合闸过程中,触头刚刚接触时,动触头的移动速度。

五、高压断路器的操作机构

按照断路器所用操作能源能量形式的不同,高压断路器操作机构可以分为:

1.手动操动机构

手动操动机构是指用手力直接关合开关的机构,它的分闸有手动和电动两种。这种机构的合闸速度与操作者在操作时的体力、操作技巧、精神状态等因素有关。当关合短路时,若合闸速度降低,则可能降低关合能力,甚至在未合闸到底时,由于继电保护动作而使机构脱扣分闸,降低分闸速度,因而降低开断能力。目前断路器分、合,趋向于用手力储能机构取代手动机构,以确保分、合闸速度。手动操作还有一个缺点是不能实现自动控制及自动重合闸,优点是结构简单、便于维护、故障少。

2.电磁式操动机构

电磁式操动机构是用电磁铁将电能变成机械能作为合闸动力。它的优点:结构简单,工作可靠,能用于自动重合闸和远距离操作。缺点:合闸线圈消耗的功率太大,机构结构笨重,合闸时间长。

3.弹簧机构

弹簧机构指用事先由人力或电动机储能的弹簧合闸的机构。

4.液压机构

液压机构指以高压油推动活塞实现合闸与分闸的机构。

5.液压弹簧机构

液压弹簧机构指用弹簧作为储能介质、液压油作为传动介质。

6.气动机构

气动机构指以压缩空气推动活塞使断路器分、合闸的机构。

六、高压断路器的运行维护

1. 高压断路器巡视检查

(1)在供电系统中,处于运行中和备用状态的高压断路器必须定期巡视检查。

(2)巡视检查内容:

①有值班员,每班巡检一次;无值班员的,每周至少一次检查。

②断路器有过载现象,应该增加巡视检查次数。

③遇到恶劣天气时,室外供电系统的断路器应该进行特殊巡视检查。

④重大安全事故重新送电后,经常对事故范围应进行巡视检查。

(3)维修周期。一般情况下每 2~3 年应进行一次小修;每 5 年进行大修一次;新运行的高压断路器,一年后进行一次大修。

2. 真空断路器的检修规程

1)临时性检修

(1)切断短路故障累计达到厂家规定次数。

(2)周期性小修,发现重大缺陷时。

2)大修项目及标准

(1)框架的检修。

(2)传动连杆的检修。

(3)电磁操动机构的分解检修。

(4)调整与试验。

(5)过电压吸收装置的检查及试验。

3)小修项目及质量标准(表 3-2-1)

4)巡视检查

(1)每日定时记录气体的压力和温度。

(2)断路器各部分及管道无异声(振动声、漏气声)及异味,管道夹头正常。

(3)套管无裂痕、无放电声和电晕。引线连接部位无过热、引线弛度适中。

(4)断路器分合闸位置正确,并和当时实际运行工况相符。

(5)接地完好。

(6)巡视环境条件:附近无杂物。

5)检修与维护

(1)平时检查维护。

①保持断路器清洁,及时清理绝缘子、绝缘杆的其他绝缘件的尘埃。

②凡是活动摩擦部位,应定期注入润滑油。

③所有紧固件应定期检查、防止松脱。

④检查断路器的机械传动部分、电动分合是否灵活可靠。

⑤检查辅助开关分合状况。

真空断路器小修项目及质量标准 表 3-2-1

序号	检 修 项 目	质 量 标 准
1	清扫各部件,检查、紧固各部螺丝	1.各部件应无油污、无锈蚀、无变形及严重磨损痕迹; 2.各紧固螺丝、垫片、弹簧垫圈齐全,弹簧垫圈压紧、压平,开口销子开口良好
2	检查支持绝缘子、绝缘拉杆、压敏电阻和接地线	1.绝缘子、绝缘拉杆、压敏电阻,表面应清洁、无油污; 2.绝缘子、绝缘拉杆、压敏电阻,无损伤,无放电现象; 3.接地良好
3	检查真空灭弧室及其导电连接	1.真空灭弧室无损伤,表面应清洁,无灰尘、无油污,抽真空封口的保护帽应完整,无松动、脱落现象; 2.导向套的装配应保证导电杆的中心线与静导电杆中心线相重合; 3.真空灭弧室上、下导线板连接时,不应产生过大的应力,以防灭弧室应力过大而破损; 4.真空灭弧室导电杆与导电夹的连接应紧密,导电夹紧固后应保证其一侧有不小于1mm 的间隙; 5.软连接表面齐整、无毛刺,表面缝隙无污垢,断裂根数不能超过总根数的5%,且断裂处应用焊锡焊牢; 6.各导电连接面均应涂上中性凡士林或导电膏; 7.所有导电连接处不应有过热现象
4	检查调整操动机构	1.各部件应无变形、磨损现象,弹簧无锈蚀、裂纹、断裂及弹力不足等不良情况,连接传动件的轴孔配合良好、转动灵活并均加上润滑油(脂); 2.分、合闸线圈铜套应清洁无油污、无变形现象,分、合闸电磁铁的铁芯动作应灵活无卡涩现象; 3.分、合闸铁芯推(拉)杆的伸出长度及分合闸限位螺钉等应调整正确符合制造厂规定; 4.各部调整间隙均应符合制造厂规定; 5.油缓冲器动作应灵活、无卡阻现象、无渗漏油现象(仅日本大容量真空开关有油缓冲器); 6.操动机构组装完毕后,应进行分、合闸试验,做到连续电动分、合闸10次无误动,无拒动,合闸过程中无空合、弹跳现象后,方可进行组装真空灭弧室的工作
5	检查辅助开关、微动开关和二次回路	1.辅助开头和微动开关之弹簧无锈蚀、断裂及弹力不足等现象,接点无污垢,严重烧伤,接触良好可靠; 2.辅助开关微动开关导电杆传动灵活,无卡阻现象; 3.二次回路接线螺丝应坚固无氧化、锈蚀; 4.二次插座无变形、烧损,插头接触良好、可靠; 5.二次回路绝缘电阻不小于1MΩ(用500V 或1000V 兆欧表)
6	真空灭弧室的真空度检查	(无专用仪器时可用在真空灭弧室断口间加工频电压的方法代替)10kV 真空灭弧室、静触头开距达到制造厂规定值,在断口间施加42kV 工频电压1min 应无闪络和击穿现象
7	真空灭弧室触头消耗程度的检查	超行程应符合制造厂规定,当超行程累计减少值超过制造厂规定时应更换真空灭弧室
8	继电保护联动试验	继电保护传动时,断路器动作无误动、无拒动等现象

⑥触头磨损情况的检查。

（2）对真空断路器应每年进行一次停电检查维护，以保证正常运行。正常的年检做好如下工作：

①灭弧室应进行断口工频耐压试验，并予记录。对耐压不好或真空度较低的管子应及时更换。

②抹净绝缘件，对绝缘件应做工频耐压试验，绝缘不好的绝缘件应立即更换。

③对真空断路器的开距、接触行程应测量记录在册，如有变化应找出原因处理（如可能是连接件松动或机械磨损等原因），有条件的应对断路器测试机械特性并记录。对机械特性参数变化较大的，应找出原因并及时调整处理。

④对各连接件的可调整处的连接螺栓、螺母等应检查有无松动，特别是辅助开关拐臂处的连接小螺钉、灭弧室动导电杆连接的锁紧螺母等应检查有无松动。

⑤对各转动关节处应检查各种卡簧、销子等有无松脱，并对各转动、滑动部分加润滑油脂。

⑥对使用在电流大于 1600A 以上的真空断路器，应对每极作直流电阻测量，记录在册，发现电阻值变大的应检查原因并排除。

⑦如需更换灭弧室应按产品说明书的要求进行，更换后应进行机械特性的测试和耐压试验。

⑧年检后，在投运前应连续空载操作 8～10 次，检查应动作正常，无异常声音，无异常晃动，合、分闸线圈无发热等后方可投入运行。

3. 油断路器的检修维护

1）油断路器的运行维护

（1）巡视检查断路器的分、合位置指示正确，并与当时实际运行工况是否相符。

（2）有无渗、漏油的痕迹，放油阀关闭是否紧密。

（3）保护接地装置是否完好。

（4）断路器套管的油位是否在正常范围内，油色透明、无炭黑悬浮物。

（5）操作机构灵活、坚固、机构动作与外部指示相符。

（6）出现故障掉闸 3 次以上或断路器发生严重喷油冒烟时，应立即停电进行维修。

2）以运行中的少油断路器为例进行的巡视检查

（1）如何判断少油断路器的运行状态。

①合闸。

a. 开关的操作手柄应在垂直位置。

b. 红灯亮。

c. 操作机构的分合指示器显示应为"合"。

d. 机械联锁的挡块在外。

e. 分闸弹簧应拉开。

f. 拐臂朝前。

②分闸。

a. 开关的操作手柄在水平位置。

b. 绿灯亮。

c. 断路器操作机构的指示器显示为"分"。

d. 挡块回去。

e. 分闸弹簧不受力。

f. 拐臂朝后。

(2)巡视检查周期。

①有人值班,每班一次。

②无人值班,每周至少一次。

③遇有特殊情况增加巡视次数。

④特殊巡视检查。

a. 断路器存在缺陷或者过负荷时,应适当增加巡视次数。

b. 遇有恶劣天气,对室外断路器应进行增加巡视检查。

c. 遇重大事故,恢复送电后,对事故范围内断路器应进行巡视检查。

d. 处在污垢地区的室外断路器,应视天气情况污秽程度以及污染源性质确定巡视检查次数。

(3)巡视检查内容。

①检查油面、油色,有无渗漏现象。

②检查支持瓷瓶有无掉瓷、裂纹、破损以及闪络放电痕迹,表面有无污垢。

③检查操作机构连杆是否完好。

④检查电流表指示是否在正常电流范围内。

⑤检查各部连接点有无过热现象。

⑥有无异常声响以及异常气味。

⑦检查少油断路器位置指示是否对应。

⑧检查分、合闸回路是否完好,电源电压是否在额定范围内。

⑨检查直流系统有无接地。

4. SF_6 断路器运行维护

(1)检查并记录 SF_6 气体压力和温度。

(2)断路器的分、合位置指示正确,并与当时实际运行工况相符。

(3)保护接地装置完好。

(4)套管物裂痕,无放电声和电晕。

(5)断路器各部分及管道无漏气声、无振动声、无异味,管道夹头正常。

单元3.3　高压隔离开关

一、概述

1. 高压隔离开关的概念

高压隔离开关是一种结构比较简单的开关电器,是电网中重要的开关电器之一。其主要功能是保证高压电器及装置在检修工作时的安全,起隔离电压的作用,不能用于切断、投入负荷电流和开断短路电流,仅可用于不产生强大电弧的某些切换操作,即它不具有灭弧功能。

2. 高压隔离开关的作用

(1)高压隔离开关可以断开空载电流 5A 以下的空载线路,可以接通和断开一定长度的空载架空线路(室内 5km,室外 10km);可以接通和断开一定长度的空载电缆线路。

(2)在规定的使用条件下,可以接通和断开一定容量的空载变压器(室内 315kVA,室外 500kVA)。

(3)高压隔离开关保证了高压电器及装置在检修工作时的安全,起隔离电压的作用。

3. 高压隔离开关的特点

(1)高压隔离开关的触头全部敞露在空气中,具有明显的断开点。

(2)隔离开关没有灭弧装置,因此不能用来切断负荷电流或短路电流,否则在高压作用下,断开点将产生强烈电弧,并很难自行熄灭,甚至可能造成飞弧(相对地或相间短路),烧损设备,危及人身安全,这就是所谓"带负荷拉隔离开关"的严重事故。

二、高压隔离开关分类

1. 按安装地点划分

按安装地点不同主要分为:户内式和户外式。

2. 按绝缘支柱数目划分

按绝缘支柱数目不同主要分为:单柱式,双柱式和三柱式。

3. 按动作方式划分

按动作方式不同主要分为:闸刀式、旋转式和插入式。

4. 按操动机构划分

按操动机构不同主要分为:手动式、电动式和液压式。

三、高压隔离开关结构及型号

1. 高压隔离开关型号

例如以 GN19-10C 为例,隔离开关的型号由字母和数字从左至右组成。

第一部分:G——隔离开关;J——接地开关。

第二部分:N——户内式;W——户外式。

第三部分:设计序号,用数字表示。

第四部分:额定电压(kV)。

第五部分:派生代号,用字母表示。K——带快分装置;D——带接地刀闸;G——改进型产品;T——统一设计产品;C——瓷套管出线。

第六部分:额定电流(A)。

2. 户内高压隔离开关

以 GN19-10C 户内高压隔离开关为例,如图 3-3-1 所示。

(1)由底座、支柱瓷瓶、静触头、闸刀、升降瓷瓶和转轴等构成。

(2)操动机构通过连杆带动转轴完成分、合闸操作。

(3)闸刀采用断面为矩形的铜条,并在闸刀上设有"磁锁",用来防止外部短路时,闸刀受短路电动力的作用从静触头上脱离。

3. 户外高压隔离开关

以 GW5-35 户外高压隔离开关为例,如图 3-3-2 所示。

图 3-3-1　GN19-10C 型实物图
1-传动机构;2-操作手柄;3-上接线端子;
4-隔离闸刀;5-下接线端子

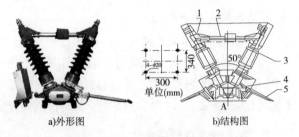

a)外形图　　　　b)结构图

图 3-3-2　GW5-35 户外高压隔离开关
1-接线座;2-主触头;3-支柱绝缘子;4-限位板;5-接地闸刀

(1)高压隔离开关主要由 3 个单极组成,每个单极主要由底座、支持绝缘子、接线座、右触头、左触头、接地静触头、接地闸刀和接线夹几部分组成。

(2)两个棒式支柱绝缘子固定在一个底座上,交角为 50°,呈"V"形结构。闸刀做成两半,可动触头成楔形连接。

(3)操动机构动作时,两个棒式绝缘子各做顺时针和逆时针转动,两个闸刀同时在与绝缘子轴线成垂直的平面内转动,使隔离开关断开或接通。

四、高压隔离开关检修维护

1. 巡视检查周期和内容

1)巡视检查周期

(1)有人值班,每班一次。

(2)无人值班,每周至少巡视检查一次。

(3)遇有特殊情况增加巡视检查次数。

2)巡视检查内容

(1)观察有关电流表指示,是否在允许范围之内。

(2)检查导电部分应接触良好,无过热变色,温度超过 85℃ 时报上级部门并加强监视。

(3)绝缘部分完好,无闪络放电痕迹。

(4)传动部分无异常。

2.故障检修

1)运行安全注意事项

(1)操作隔离开关时应首先检查断路器是否在断开位置。

(2)操作隔离开关时应站好位置,操作果断,仔细辨别监护人的动令和预令。

(3)拉合时动作应迅速,拉合后应检查动触头是否在适当位置。

(4)对于单级隔离开关,合闸时应先合两边相,后合中间相,有风时先合上风相,后合下风相。拉闸时顺序相反。

(5)在合闸接近终了的一段,用力不可过猛,以免损坏瓷件。

(6)严格禁止带负荷拉合隔离开关。

2)误拉、误合后按有关规定处理

(1)误拉后不许再合上。

(2)误合后不许再拉开。

(3)刚拉开一点发现有电弧应立即合上。

(4)对于单级隔离开关误操作一相后,其他两相不允许再操作。

3.高压隔离开关的运行维护

(1)触点及连接点有无过热现象,负荷电流是否在它的容量范围内。

(2)瓷绝缘有无破损、裂纹和放电痕迹。

(3)操作机构的部件有无开焊、变形或锈蚀现象,轴、销钉、紧固螺栓等是否正常。

(4)维护时应用细砂布打磨触头、接点,检查其接触程度并涂以中性凡士林油。

(5)分、合闸过程中应无卡涩,触头中心要校准,三相是否同时接触。

(6)高压隔离开关与断路器及接地刀闸之间的闭锁装置是否完好。

4.隔离开关的检修项目及要求

(1)清扫检查绝缘子,绝缘子表面应清洁无污垢、无裂纹、破损等痕迹。

(2)触头检修时,隔离开关的动、静触头或触指与触刀接触应良好,线接触面应无烧伤痕迹。触头压力弹簧应无过热变色、变形或断裂现象,接触面应做防腐蚀处理。

(3)操作机构与传动部分应操作轻便、灵活,轴销和销钉应完整无损,各部分螺栓、螺帽应紧固,将活动部分涂润滑脂。三相不同期度不应大于3mm,其余要求应符合说明书的规定。

(4)检查均压环或灭弧棒应牢固,所测导电回路的接触电阻应符合使用说明书的规定。

(5)闭锁装置应动作灵活,准确可靠。在分、合闸位路时机构定位销应可靠地锁住手柄。

(6)电动操作机构应测量电机绝缘、直流电阻,检查辅助电路动作与接触状况,检查涡杆和齿轮并清洗加油,紧固各部件等。

(7)检查接地装置应良好。

(8)整体清扫、除锈、刷漆。

5.户内式隔离开关的安装要求

具体安装要求如下:

（1）隔离开关的刀片应与固定触头对准，并接触良好，接触面涂凡士林油。

（2）隔离开关的各相刀片与固定触头同时接触，前后相差不大于3mm。

（3）隔离开关拉开时，刀片与固定触头间的垂直距离：户外式应大于180mm，户内式应为160mm左右。

（4）隔离开关拉开时，刀片的旋转角度：户外为35°，户内为65°。

（5）静触头接电源，动触头接负荷，倒进线隔离开关，动触头接电源，静触头接负荷。垂直安装时，静触头在上侧。

（6）隔离开关的传动部件不应有损伤和裂纹，动作应灵活。

（7）单极隔离开关的相间距离不应小于：室内450mm，室外600mm。

（8）户外隔离开关的拉杆应加保护环。

（9）带有接地开关的隔离开关，接地刀片与主触头间应有可靠的联锁装置。

（10）隔离开关操作机构的安装位置应符合以下要求：

①操作机构的固定轴距地面高度为1m。

②依墙安装时，手柄中心距侧墙不小于0.4m。

③侧墙安装时，手柄中心距侧墙不小于0.3m。

④手柄与带电部分不小于1.2m。

单元3.4　高压负荷开关

高压负荷开关是一种功能介于高压断路器和高压隔离开关之间的高压电器，高压负荷开关常与高压熔断器串联配合使用，用于控制电力变压器。高压负荷开关具有简单的灭弧装置，因为能通断一定的负荷电流和过负荷电流。但是它不能断开短路电流，所以它一般与高压熔断器串联使用，借助熔断器来进行短路保护。

一、负荷开关分类

1. 按安装地点划分

按安装地点划分主要有户内式和户外式。

2. 按灭弧形式和灭弧介质划分

按灭弧形式和灭弧介质划分主要有压气式、固体产气式、真空式、SF_6式等。

3. 按用途划分

按用途划分主要有通用负荷开关、专用负荷开关和特殊用途负荷开关，例如单个电容器组负荷开关等。

4. 按操作方式划分

按操作方式划分主要有三相同时操作和逐相操作。

5. 按操动机构划分

按操动机构划分主要有动力储能和人力储能。

二、高压负荷开关型号及结构

1. 高压负荷开关型号如下所示:

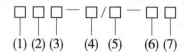

（1）用字母表示:F 表示负荷开关;Z 表示真空。
（2）用字母表示:W 表示户外型;N 表示户内型。
（3）表示设计序号。
（4）表示额定电压。
（5）表示额定电流。
（6）表示最大开断电流。
（7）用字母表示:R 表示带熔断器(不带不标),S 表示熔断器装于上端。
例如 FW5-10 为户外型负荷开关,额定电压 10kV。

2. 高压负荷开关结构

以 FN2-10/400A 户内型带熔断器负荷开关为例,如图 3-4-1 所示。该负荷开关,适用于交流 50Hz、6kV 或 12kV 的网络中,作为开断和闭合负荷及过负荷电流之用,亦可用作开断和闭合空载长线、空载变压器及电容器之开关。如带有 RN3 型熔断型的负荷开关可切断短路,作保护开关之用。例如,FN2-10R/400A 负荷开关使用环境条件如下:

（1）周围空气温度上限: +40℃ ,下限: -25℃ 。
（2）海拔不超过 1000m。
（3）相对湿度日平均值不大于 95% ,月平均值不大于 90% 。

图 3-4-1   FN2-10/400A 户内型带
熔断器负荷开关

（4）地震烈度不超过 8 度。
（5）无火灾、爆炸危险、化学腐蚀及剧烈振动的场所。
（6）污秽等级:Ⅱ级。
（7）周围空气应不受腐蚀性或可燃性气体及水蒸气的明显污染。

3. 与负荷开关配合使用的熔断器常用型号

主要有 RN1-10、RN3-10,具体安装要求如下:
（1）熔断器与钳口应接触紧密。
（2）带有动作指示器的熔断器指示器应向下安装。
（3）熔断器应无断裂或损伤,两端应装有防止脱落的护环。
（4）熔体额定电流与负荷电流相匹配。

三、负荷开关的特点和作用

（1）高压负荷开关是一种功能介于高压断路器和高压隔离开关之间的电器，在结构上与隔离开关相似，具有明显断开点。

（2）高压负荷开关常与高压熔断器串联配合使用，用于控制电力变压器。

（3）高压负荷开关具有简单的灭弧装置，因为能通断一定的负荷电流和过负荷电流。但是它不能断开短路电流，所以它一般与高压熔断器串联使用，借助熔断器来进行短路保护。

（4）高压负荷开关可以拉合正常情况下的负荷电流，与高压保险配合，可以切断短路电流。

四、负荷开关运行维护

1.巡视检查周期

（1）有人值班，每周一次。

（2）无人值班，每周至少巡视检查一次。

（3）特殊巡视检查：

①负荷开关存在缺陷或过负荷时，应适当增加巡视检查次数。

②遇有恶劣天气时，对户外负荷开关应进行特殊巡视检查。

③遇重大事故，恢复送电后，对事故范围内的负荷开关应进行巡视检查。

④处在污点地区的室外负荷开关，应视天气情况、污秽程度以及污染源性质来确定巡视检查次数。

2.巡视检查内容

（1）瓷绝缘应无掉瓷、破损、裂纹以及闪络放电痕迹，表面应清洁。

（2）各部连接点应无腐蚀及过热现象。

（3）应无异常声响。

（4）动、静触头接触良好，无发热现象。

（5）操作机构及传动装置应完整无断裂，操作杆、卡环以及支持点无松动、脱落现象。

（6）负荷开关的消弧装置应完整无损。

五、RM6 型环网开关柜

RM6 型为紧凑型中压开关柜系列产品，组合了所有中压功能单元，能够对开放式环网或辐射式电网上的一个或两个变压器进行连接、供电和保护。使用熔断器—开关组合，可保护 1250kVA 以下的变压器，使用带有自供电保护单元的断路器，可保护 3000kVA 以下的变压器。开关装置和主母线被永久性密闭在充有 SF_6 气体的壳体中。为有效限制电网故障造成的影响，除区域变电站外，有时还需要增加配电网的分断点，使用 630A 断路器保护供电线路，使用负荷开关进行电网切换，使用集成式远程控制单元。本节内容重点讲述使用负荷开关进行电网切换城市轨道交通供电系统。RM6 机芯的内部结构如图 3-4-2 所示。

负荷开关与断路器具有类似的结构：开关装置动触头组件垂直运动具有合闸、分闸和接地 3 个稳定位置。这种设计消除了开关或断路器与接地开关同时闭合的可能性;接地开关具有符合标准规定的短路关合电流;RM6 具有隔离和分断双重功能;接地极尺寸与电网相匹配;电缆间与接地开关和负荷开关(断路器)可实现相互联锁。

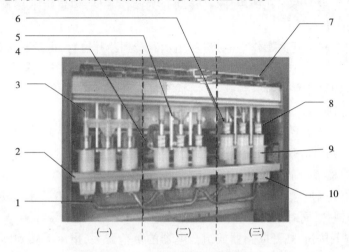

图 3-4-2　RM6 机芯的内部结构图

1-主母线;2-支撑架;3-接地动触头;4-套管;5-传动杆;6-软连接;7-接地静触头;8-负荷开关动触头;9-绝缘护套;10-负荷开关静触头

(一)第一功能单元合闸位置;(二)第二功能单元分闸位置;(三)第三功能单元接地位置

六、RM6 型环网开关柜操作

1.RM6 设备的操作说明

1)RM6 设备的五防要求(GB 3906)

(1)防止带负荷分/合隔离开关。

(2)防止误分/合断路器或负荷开关(允许提示性)。

(3)防止接地开关处在闭合位置时关合断路器或负荷开关。

(4)防止带电误合接地开关。

(5)防止误入带电间隔。

2)操作安全性

(1)采用三工位负荷开关或断路器,具备天然联锁,有效防止接地时误合断路器或负荷开关,或带电误合接地开关。

(2)程序联锁保证动作的可靠性,防止误合/分操作。

(3)对于所有开关模块,面板上都有挂锁装置,防止误合/分操作。

(4)可选的负荷开关或断路器或接地开关与电缆室前面板的机械联锁,保证只有负荷开关或断路器在分闸位置,或接地开关在合闸位置时才能打开电缆室门。

(5)采用螺栓连接的标准前电缆室门,防止误入带电间隔。

(6)配备标准的提示型带电显示器,以方便确认高压不带电后,才能使用专用工具打开电缆室前面板,防止误操作。

2. 具体操作步骤

1）合/分负荷开关

（1）合闸：打开主刀操作孔挡片，向右转动开关操作手柄，位置指示器转到接通状态，可看到接地开关操作孔被锁住。

（2）分闸：向左转动开关操作手柄，位置指示器转到断开位置，可看到接地开关操作孔处于解锁位置。

（3）合接地：用操作手柄推开锁孔挡片，插入接地开关操作孔再向右转动，位置指示器转到接地位置，可看到负荷开关或断路器操作孔被锁住。

（4）分接地：用操作手柄推开锁片，插入接地开关操作孔，然后向左转动，位置指示器转到断开位置，可看到负荷开关或断路器的操作孔被解锁。

2）合/分断路器或负荷开关—熔断器组合电器

（1）合闸：移开挡片，插入主刀操作孔，向右转动操作手柄，位置指示器转到闭合位置，接地开关操作孔被锁住，同时为分闸提供了预储能。

（2）分闸：按下按钮，断开断路器或组合电器的负荷开关，指示器转到断开位置，接地开关操作孔被解锁。

（3）合接地：用操作手柄推开锁孔挡片，插入接地开关操作孔再向右转动，位置指示器转到接地位置，可看到负荷开关或断路器操作孔被锁住。

（4）分接地：用操作手柄推开锁片，插入接地开关操作孔，然后向左转动，位置指示器转到断开位置，可看到负荷开关或断路器的操作孔被解锁。

3）进入电缆室

（1）在打开电缆室前，高压电缆必须先断电。

（2）不带互锁的电缆连接室：负荷开关处于分断位置，接地开关闭合，拆下上部两个螺钉以便拆下电缆室前挡板，抬起并向自己的方向拉。

（3）带互锁的电缆连接室：当开关闭合时，电缆室前挡板被锁住，断开开关，前挡板仍然锁住。当闭合接地开关时，前挡板互锁被打开，若拆下前挡板，可以再打开接地开关。如果接地开关打开，前挡板不能安装到位。如果电缆头允许，可以加入直流电流，以便检查电缆绝缘情况或寻找故障。闭合接地开关，装回前挡板，断开接地开关。

注意：若前挡板拆下，禁止闭合负荷开关或断路器。

七、RM6 设备的运行维护

正确维护能使各部件改善性能，操作必须在主管部门的监督下按照安全标准进行，每次操作后按照标准进行电气测试。

1. 更换熔断器

注意：3 个高压熔断器中的一个损坏，应全部更换。操作前必须保证接地开关闭合。3 个熔断器更换过程相同。

1）拆下熔断器

（1）拆下熔断器顶部的密封塞。

（2）抽出熔断器。

（3）清洁密封塞,如果密封塞脏污,可用硅油清洁外圆,再用干净的布擦拭干净,用天然滑石粉涂抹清洁表面,防止锁塞和熔断器室粘连,表面必须光滑。

2）安装高压熔断器

（1）打开熔丝舱上盖（可参考熔丝舱盖子上的操作说明）：用手将把手推到垂直位置以便打开密封塞上的互锁；将密封塞向左旋转,然后提起；让密封塞自由吊挂,在安装前要保证密封塞清洁（如何清洁密封塞参阅《RM6 环网开关柜使用说明》预防性维护一章）。

（2）安装 DIN 熔断器（注意：在任何情况下都不能安装动作过的熔断器）：将熔断器按要求的方向插入舱内,将对中环放在熔断器上,将密封塞销子插入金属支架,然后向右转动。

（3）锁住密封塞：确认熔断器已插入底座的槽中,盖上密封塞,使其把手复位,千万勿用操作手柄使密封塞把手复位,更换已产生撞针释放的熔断器时,按压复位杆以使其回位。

2. 预防机构生锈的处理

预防生锈最好的办法就是对机构做全面的润滑。

（1）在所有机构后板内表面上涂以润滑脂。

（2）在机构后板上方、边缘涂以润滑脂,在零件的两面上和滚轮上涂以润滑脂。

（3）在机构前板的前后两面的指定位置,它包括前板上边缘、轴套内、外表面及上边缘涂以润滑脂。

但这里需特别注意的是,请勿将润滑脂涂于塑料件上。做完润滑保护的机构就可以很好地避免发生锈蚀情况,从而延长机构的寿命。

3. 确保设备防潮的方法

（1）对于砖混结构的电缆沟,需要安装设备确保积水的排出。将电缆沟入口及开关柜电缆入口处密封或安装设备以排出偶然进入电缆沟的积水。

（2）在相对湿度大和昼夜温差大的地区,在低压室内和机构室内安装加热器是至关重要的。

（3）电缆沟应采取措施使偶然进入电缆沟的积水排出或渗透,安装排水装置,如足够厚的沙层。

（4）通风控制：通风口的尺寸必须与变电站的功率损耗相匹配。这些通风口必须位于变压器附近,以防止在中压开关柜上部流通。

4. 清洁

（1）设备外壳清洁：用干布清洁。

（2）接地开关罩清洁：在特别脏时可用清水和海绵,勿用酒精或其他溶剂。

5. 运行保养周期

（1）开关至少每 3 年进行一次分、合闸运行。

（2）每 5 年检查机构的状态（污染腐蚀）和接地罩的清洁情况（污染）。

（3）每 4 年更换电池（如有设备选用）。

单元 3.5　高压熔断器

一、概述

1.高压熔断器的定义

高压熔断器是当流过其熔体的电流超过一定数值时,熔体自身产生的热量自动地将熔体熔断而断开电路的一种保护设备,其功能主要是对电路及其设备进行短路和过负载保护。

2.高压熔断器作用

高压熔断器串联在电路中,当电路发生短路或过负荷时,熔体熔断,切断故障电路使电气设备免遭损坏,并维持电力系统其余部分的正常工作。主要用于电力线路及电力变压器等电气设备的短路及过载保护。当电气设备、线路等发生短路或过载时,过负荷电流或短路电流通过熔体被加热并在被保护设备的温度未达到破坏其绝缘之前熔断,使电路断开,设备得到保护。

3.高压熔断器的特点

1)高压熔断器的优点

高压熔断器动作直接,不需与继电保护、二次回路配合;本身结构简单、体积小、布置紧凑、使用维护方便,价格低。

2)高压熔断器的缺点

高压熔断器每次熔断后须停电更换熔件才能再次使用,增加了停电时间;保护特性不稳定,可靠性低;保护选择性不易配合。

二、高压熔断器的分类

1.按照使用环境的地点分类

按照使用环境的地点分类主要有:户内式高压熔断器和户外式高压熔断器。例如,户内式高压熔断器的型号有 RN1 型、RN2 型、RN5 型、RN6 型等;户外式高压熔断器的型号有 RW1 型、RW3-RW7 型、RW10-10 型等。

2.按结构特点分类

按结构特点分类主要有:支柱式和跌落式。

3.按工作特性是否有限流作用分类

按是否有限流作用分类主要有:限流型和非限流型。

4.按灭弧方法分类

按灭弧方法分类主要有:瓷插式、封闭产气式、封闭填料式和产气纵吹式。

三、高压熔断器的型号

高压熔断器的型号主要有结构特征、产品名称、安装场所、保护对象、设计序号、额定电压和其他标志等组成。如下所示：

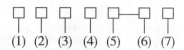

(1) (2) (3) (4) (5) (6) (7)

（1）结构特征：X 表示限流式；P 表示喷射式。

（2）产品名称：R 表示熔断器。

（3）安装场所：N 表示户内式；W 表示户外式。

（4）保护对象：T 表示变压器用；M 表示保护电动机用；P 表示保护互感器用；C 表示保护电容器用。

（5）设计序号：用阿拉伯数字表示。

（6）额定电压：单位以 kV 表示。

（7）其他标志：

①产品做重大改进又不能构成开发新产品，为了与原型号区别，用 A、B、C……表示。

②产品在同一品种下与其他功能单元组合时，例如：F 表示带有负荷开断装置；B 表示带有避雷器。

③适用于特殊环境条件下的派生产品，例如：TH 表示湿热带型；TA 表示干热带型；G 表示高海拔型。

以上①～③规定的标志都属于第 7 位，应按顺序依次填写，如无此标志时不留空位。

四、高压熔断器的结构

1. RN 型系列户内高压熔断器

以 RN1 型高压熔断器为例，其结构如图 3-5-1 所示。

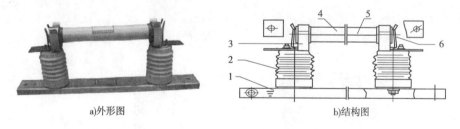

a)外形图　　　　　　　b)结构图

图 3-5-1　RN1 型熔断器的外形图和结构图

1-底架；2-支柱绝缘子；3-接触座；4-熔管；5-熔丝；6-触头

高压熔断器主要由金属熔体、支持熔体的触头、灭弧装置和绝缘底座组成。熔断器串联在电路中使用，安装在被保护设备或线路的电源侧。当电路中发生过负荷或短路时，熔体被过负荷或短路电流加热，并在被保护设备的温度未达到破坏其绝缘之前熔断，使电路断开，设备得到了保护。

1）金属熔体（又称熔丝）

（1）正常工作时起导通电路的作用，在故障情况下熔体将首先熔化，从而切断电路实现对受电设备的保护。熔断器串联在电路中正常工作时，金属熔体载流不应大于其额定电流，高压熔断器应长期稳定地运行。

（2）常用的金属熔体材料有铅锡合金、铅、锌、铜和银等。

2）熔断器载熔件

用于安装和拆卸熔体，常采用触点的形式。

3）熔管

用于放置熔体，限制熔体电弧的燃烧范围，并可灭弧。

4）熔断器底座

用于实现各导电部分的绝缘和固定。

5）充填物

一般采用固体石英砂，用于冷却和熄灭电弧，过负荷是铜丝上锡球受热熔化，铜锡分子相互渗透形成熔点较低的铜锡合金，使铜熔丝能在较低的温度下熔断，灵敏度较高。当短路电流发生时，几根并联铜丝熔断时可将粗弧分细，电弧在石英砂中燃烧。因此，熔断器灭弧能力强，短路后不到半个周期即短路电流未达到冲击电流时就将电弧熄灭。

6）熔断指示器

用于反映熔体的状态，即完好或已熔断。

7）熔断器的技术参数

（1）熔断器的额定电压。它既是绝缘所允许的电压等级，又是熔断器允许的灭弧电压等级。

（2）熔断器的额定电流。它指一般环境温度（不超过40℃）下熔断器壳体的载流部分和接触部分允许通过的长期最大工作电流。

（3）熔体的额定电流。熔体允许长期通过而不致发生熔断的最大有效电流。

（4）熔断器的开断电流。熔体器所能开断的最大短路电流。若被开断的电流大于此电流时，有可能导致熔断器的损坏，或由于电弧不能熄灭而引起相间短路。

2. RW 系列户外高压熔断器

以 RW 型户外高压跌落式熔断器为例，具体结构如图 3-5-2 所示。

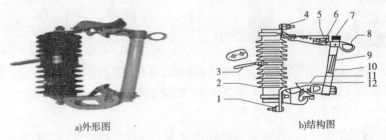

a)外形图　　　　　b)结构图

图 3-5-2　RW 型跌落式熔断器结构图

1-下接线端子;2-绝缘瓷瓶;3-圈定安装板;4-上接线端子;5-上静触头;6-上动触头;7-管栅;8-操作环;9-熔管;10-熔丝;11-下动触头;12-下静触头

1）主要作用

主要作用是为配电变压器或电力线路的短路保护和过负荷保护。户外高压熔断器频率50Hz 电力系统中，作输电线路、电力变压器过载和短路保护，分合额定负荷电流之用，机械寿命≥2000 次。

2）安装

熔管上端的动触头借助管内熔丝张力拉紧后,利用绝缘棒,先将下动触头卡入下静触头,再将上动触头推入上静触头内锁紧,接通电路。

跌落式熔断器由带裙边的瓷柱为安装基础,瓷柱中间有熔断器承力安装板,可装在角铁横担上。瓷柱上端装有可动钩牙的进线导电金属嘴和导电弹性主触头,下端为固定挂钩和导电弹性主触头。

熔管由玻璃环氧管制成,上端有固定异电极,下端可曲折活动电极。

熔丝中间部为银铜合金熔体,两端多股软导线压接与熔管中。熔丝的软线固定在上端和下端导电板上,同时将下端活动导电极拉紧,然后用绝缘操作杆将熔管下端活动导电极拉紧并挂入熔断器下挂钩中,然后用绝缘杆钩住熔管上端钩孔,向上擂入上端固定主触头内。并被钩牙卡住,合闸成功。

3）工作原理

熔丝管两端的动触头依靠熔丝(熔体)系紧,将上动触头推入"鸭嘴"凸出部分后,磷铜片等制成的上静触头顶着上动触头,故而熔丝管牢固地卡在"鸭嘴"里。

（1）当短路电流通过熔丝熔断时,产生电弧,熔丝管内衬的钢纸管在电弧作用下产生大量的气体,因熔丝管上端被封死,气体向下端喷出,吹灭电弧。由于熔丝熔断,熔丝管的上下动触头失去熔丝的系紧力,在熔丝管自身重力和上、下静触头弹簧片的作用下,熔丝管迅速跌落,使电路断开,切除故障段线路或者故障设备。

（2）当故障电流使熔丝熔断时,形成电弧,使消弧管因电弧燃烧高温,产生大盆气体,管内形成很强压力,形成气体向下纵向吹弧,使电弧迅速拉长熄灭。就在这时,因触头失去拉力,触头下翻动,使上端锁钩释放熔管,受自重作用向外跌落,再后倒挂在下端挂钩内。

灭弧方式用逐级排气结构,熔体上端封闭,可防雨水。当短路电流较小时,电弧所产生的高压气体因压力不足,只能向下排气（下端口）,此为单端口排气,当短路电流较大时,管内气体压力较大,使上端封闭薄膜冲开形成两端排气,同时还有助于防止分断大短路电流使熔炉管爆裂的可能性。

4）户外高压熔断器操作

一般情况下,不允许带负荷操作跌落式熔断器,只允许其操作空载设备（线路）。但在农网10kV 配电线路分支线和额定容量小于200kVA 的配电变压器,允许按下列要求带负荷操作:

（1）操作时由两人进行（一人监护,一人操作）,但必须戴经试验合格的绝缘手套,穿绝缘靴、戴护目眼镜,使用电压等级相匹配的合格绝缘棒操作,在雷电或者大雨的气候下禁止操作。

（2）高压跌落式熔断器三相的操作顺序:一般情况下,停电操作时,应先拉中间相,后拉两边相;送电时则先合两边相,后合中间相。遇到大风时,要按先拉中间相,再拉背风相,最后拉迎风相的顺序进行停电;送电时则先合迎风相,再合背风相,最后合中间相。这是因为配电变压器由三相运行改为两相运行,拉断中间相时所产生的电弧火花最小,不致造成相间短路;其次是拉断背风边相,因为中间相已被拉开,背风边相与迎风边相的距离增加了一倍,即使有过电压产生,造成相间短路的可能性也很小;最后拉断迎风边相时,仅有对地的电容电流,产生的电火花则很轻微。

五、高压熔断器的安装、检查及维护

注意事项如下：

（1）安装前：检查外观是否完整良好，清洁，如果熔断器遭受过摔落或剧烈震动后则应检查其电阻值。

（2）户外熔断器应安装在离地面垂直距离不小于 4.5m 的横担或构架相间距离：室内 0.6m，室外 0.7m。与垂线夹角为 15°～30°，与被保护设备的距离不小于 0.5m 等。

（3）按规程要求选择合格的产品及配件，运行中经常检查接触是否良好，加强接触点的温升检查。

（4）不可将熔断后的熔体连接起来再继续使用。

（5）更换熔断器的熔管（体），取下来更换就好。

（6）操作仔细，拉、合熔断器时不要用力过猛。

（7）定期巡视，每月不少于一次夜间巡视，查看有无放电火花和接触不良现象。

单元 3.6　成套高压开关柜

城市轨道交通供电系统的变电站主接线一般采用单母线分段形式，成套开关柜主要由进线开关柜（例如 201 柜、202 柜、201-2 柜）、母联柜（例如 245 柜、245-5 柜）、馈线柜（例如 231 柜、236 柜、237 柜、241 柜）、PT（电压互感器）柜（例如 201-49 柜、202-49 柜）等组成，用于中压电源的接入与分配，为整流变压器、配电变压器提供三相 10kV 电源。为保证供电的安全，系统具备过压、欠压、过流、短路和零序等保护功能。

一、成套开关柜的组成

下面以 ABB 的 UniGear-ZS1 型铠装式金属封闭开关设备为例介绍一下开关柜，其额定电压为 3.6～12kV，具有"五防"功能。开关柜的可移开部分可配置真空断路器和真空接触器等元件。开关柜防护等级 IP4X。

10kV 开关柜分为进线隔离柜、进线柜、母线提升柜、PT 柜、出线柜、牵引变压器柜、动力变压器柜、母联柜及母联隔离柜 9 种。

开关柜由固定的柜体和可移开的真空断路器组成。柜体分为 4 个室：母线室、断路器室、电缆室和低压室。其中，在母线室、断路器室、电缆室的顶部装有压力释放板。当开关柜内部电弧产生时，高压隔室内气压升高，由于柜门紧闭并可靠密封，高压气体将打开压力释放板而从开关柜顶部释放出来。压力释放板的一端用螺丝固定，另一端用塑料螺丝固定。当开关柜内部压力过大时，塑料螺丝断裂，泄压板被打开。

图 3-6-1　整体布局图

整体布局图如图 3-6-1 所示。

开关上元器件说明如图 3-6-2 所示。

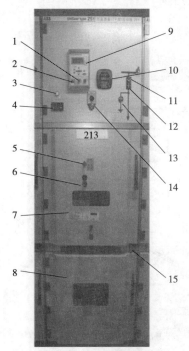

图 3-6-2　ABB 成套开关柜

1-远方/就地开关;2-分、合操作开关;3-储能指示灯;4-带电显示器;5-机械紧急分闸杆操作钮;6-机械紧急分闸按钮;7-断路器室;8-电缆室;9-微机保护装置,可以看电压电流;10-数字式电度表;11-小车位置指示信号;12-断路器位置指示信号;13-接地道闸位置指示信号;14-小车位置电动操作开关;15-接地刀闸操作孔

二、成套开关柜结构

以 KYN28A-12 型开关柜为例,如图 3-6-3 所示为开关设备示意图,开关柜由柜体和可移开部件(俗称手车)两大部分组成,柜体用金属隔板分成多个功能隔室,分别是母线室、断路器室、电缆室和低压室,如图 3-6-4 所示,柜体内部各部件如图 3-6-5 所示。

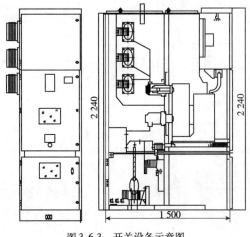

图 3-6-3　开关设备示意图

图 3-6-4　柜体

1-断路器室;2-母线室;3-电缆室;4-低压室

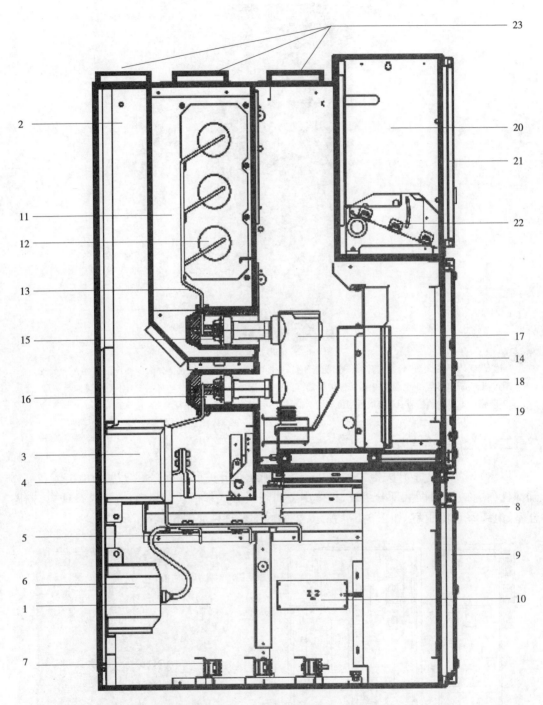

图 3-6-5　柜体内部元件

1-电缆室;2-释压通道;3-电流互感器;4-接地开关;5-电缆接线端;6-电压互感器;7-电缆孔;8-支柱绝缘子;9-电缆室门;10-防结露加热器;11-母线室;12-双 D 形母线;13-分支母线;14-断路器室;15-上隔离静触头室;16-下隔离静触头室;17-真空断路器;18-断路器室门;19-断路器小车;20-低压室;21-低压室门;22-端子排;23-压力释放板

1.外壳

开关设备采用的外壳为敷铝锌钢板,经 CNC 机床加工,并采取多重折边工艺,整个柜体具有精度高和很强的抗腐蚀、抗氧化性能。

2.手车

各类手车高度与深度尺寸统一,相同规格的手车可互换,手车在柜内采用丝杠推进机构移动,断路器手车与柜体配合有防误操作机械装置。断路器的动触头为梅花触指,表面镀银,动静触头接触良好,主回路接触电阻小温升低。

3.隔室

1)断路器/手车室

断路器室内安装特定导轨,可轻巧地推进或抽出断路器手车。手车室内设有带自动闭合和开启的活门,也称挡板,可满足手车与母排侧和电缆侧之间自动隔离的要求。手车室设有工作位置、试验/隔离位置和检修位置。每一个位置均有定位装置,确保了手车处于特定位置时才允许进行操作。手车室后壁装有静触头座和用金属制成的可上下移动的防护活门,如图 3-6-6 所示。

a)小车推入工作位时活门打开状态　　b)小车未在工作位时活门关闭状态

图 3-6-6　断路器/手车室

1-航空插座;2-航空插头闭锁;3-防护活门滑动机构;4-防护活门

2)电缆室

电缆室(图 3-6-7)内有充裕的空间,可安装互感器、接地开关、避雷器、带电显示器的传感器部分等设备。施工人员能从正面或后面进入开关柜安装,电缆室可安装 3~6 根单芯电缆。电缆室与电缆沟之间配备了开缝可卸不锈钢封板。门板设有观察视窗,可通过观察视窗观察设备的运行情况。电缆室后盖板带有闭锁装置,以防止电缆头带电情况下人员误入带电间隔。当带电显示器无电时,RL 受电解锁,电缆室可开门。

图 3-6-7　电缆室

3）母线室

母线室(图3-6-8)用于柜体母线室之间采用金属隔板和绝缘套管隔离,必要时,全部母线可用热缩绝缘套管覆盖,母线搭接处也可用绝缘罩覆盖。能有效防止事故蔓延,主母线穿越套管,且通过套管固定、支撑;分支母线通过螺栓连接于主母线和静触头盒,开关柜的下联络母线一般可以向左或向右联络。

4）低压室

低压室(图3-6-9)可安装各类继电器、仪表等二次元件。微机保护室顶部设有小母线室,可敷设55路控制小母线。室面板装有检测一次回路运行的显示部分,显示器指示灯亮,则表示馈线侧带电,同时也能用于核相或构成联锁关系。

图3-6-8 母线室

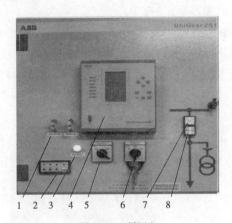

图3-6-9 低压室

1-保护压板;2-带电显示器;3-储能指示灯;4-保护装置;
5-远方、就地转换手把;6-合、分闸手把;7-手车位置指示器;8-开关合、分位置指示器

三、成套开关柜结构的"五防"功能

开关设备内装有安全可靠的连锁装置,完全满足"五防"要求。

(1)断路器室门上装设的紧急分闸按钮和机械合闸按钮需要扭动触杆方能操作,防止了误碰触造成的误分、误合断路器。

(2)断路器手车只有在工作或试验位置时,断路器才能进行分合闸操作,而且在合闸后,手车被锁住无法移动,防止带负荷时推拉手车。

(3)仅当接地开关处在分闸位置时,断路器手车才能从试验/隔离位置移至工作位置。仅当断路器手车处于试验/断开位置时,接地开关才能进行合闸操作。电缆侧有电时,由于带电显示器的闭锁关系,接地开关不能闭合。防止了接地开关在闭合位置时误送电和带电误合接地开关。

(4)接地开关处于分闸位置时,电缆室门及后柜门不能打开。电缆室门、后柜门未关闭时,已闭合的接地开关不能拉开。防止人员进入带电隔室。

(5)断路器手车在工作位置时,二次插头被锁定不能拔除。

四、ZS1 型 10kV 开关柜机械闭锁

ZS1 型 10kV 开关柜机械闭锁主要有低压室、手车操作室可挂锁、断路器与电缆室把手可挂锁、接地刀可被锁定在合/分闸位置,如图 3-6-10 所示。手车在工作位置时,航空插头被锁定,如图 3-6-11 所示位置。如图 3-6-12 所示开关柜门关时,端头顶住断路器手车,手车方可摇入、摇出,如图中 1 所示位置;紧急分闸操作机构,端头顶住断路器本体分闸按钮,如图中 2 所示位置。活门闭锁机构如图 3-6-13 所示。如图 3-6-14 所示断路器手车与接地开关之间的连锁:断路器在工作位置,接地开关无法合闸;接地开关合闸(图 3-6-15),断路器无法从试验位置摇入工作位置。接地刀闭锁,接地刀分位时,锁头收回,断路器方可摇入工作位。

手车关门操作电气连锁,手车关门操作机械连锁,电缆室门闭锁,机械锁—手车三投二闭锁,机械锁—手车与接地刀连锁,机械锁—接地刀之间连锁如图 3-6-16 所示;安全锁,手车电动操作,手车航空插防误装置,紧急合分闸位置如图 3-6-17 所示。

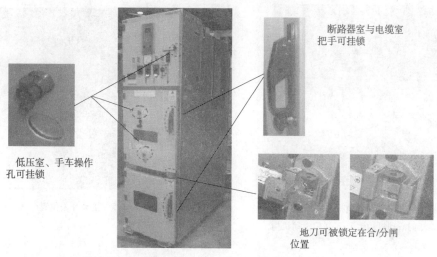

断路器室与电缆室
把手可挂锁

低压室、手车操作
孔可挂锁

地刀可被锁定在合/分闸
位置

图 3-6-10　ZS1 型 10kV 开关柜

a)断路器在运行位置

b)断路器在隔离/试验位置

图 3-6-11　断路器位置

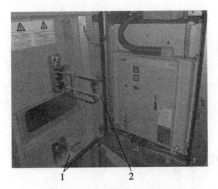

图 3-6-12　断路器手车位置
1-柜门联锁插杆;2-紧急分闸推杆

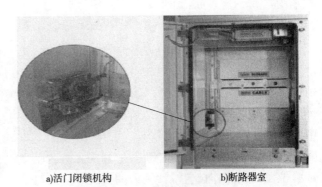

a)活门闭锁机构　　　　　　b)断路器室

图 3-6-13　活门闭锁机构

图 3-6-14　断路器手车与接地开关之间的连锁
1-工作位;2-活门滑动机构闭锁;3-活门滑动机构

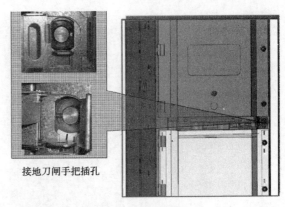

接地刀闸手把插孔

图 3-6-15　接地开关位置

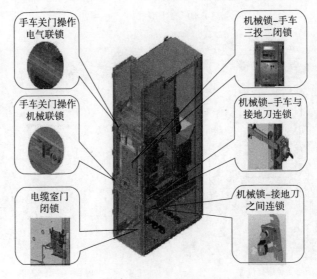

图 3-6-16　机械锁—接地刀之间连锁

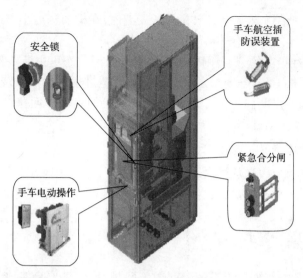

图3-6-17   紧急合分闸位置

五、成套开关柜结构操作

虽然开关设备设计有保证各部分操作程序正常的连锁装置,但操作人员对设备的操作仍需严格按照操作规程及设备适用说明书进行,不应随意操作,更不能在操作受阻时不加分析强行操作,否则,容易造成设备损坏,甚至引起事故。

1. 无接地开关的断路器柜操作

(1)将断路器可移开部件装入柜体。如图3-6-18所示,把断路器手车装在转运车上并锁定好,将转运车推至柜前,把小车升到合适的位置后,将转运车前部定位锁板插入柜体中的隔板插口并将转运车与柜体锁定。打开断路器小车的锁定销,将断路器手车平稳地推入柜体同时锁定。当确认已将手车与柜体锁定后,解除转运车与柜体的锁定,将转运车推开。

(2)手车在柜内操作。断路器手车装入柜体后即处于断开位置,将辅助回路二次插头插好后手车处于试验位置。若通电则仪表室面板上试验位置指示灯亮,此时可在主回路未接通的情况下对手车进行电气操作试验。确认断路器处于分闸状态,此时可将手车操作摇把插入面板操作孔内,顺时针转动摇把,直到摇把明显受阻并听到清脆的辅助开关切换声,同时仪表室面板上工作位置指示灯亮,然后取下摇把。此时,主回路接通,断路器处于工作位置,可通过控制回路对其进行合、分闸操作。若准备将小车从工作位置推出,首先应确认断路器

图3-6-18   带转运车的
断路器手车

已处于分闸状态,插入手车操作摇把,逆时针转动直到摇把明显受阻并听到清脆的辅助开关切换声,小车便回到试验位置,此时,主回路已完全断开,金属活动门关闭。

(3)从柜中取出手车。从柜中取出手车时要确定断路器已处于分断状体,然后解除辅助回路二次插头并将动插头扣锁在手车架上,此时将转运车推至柜前并锁定,然后将手车解锁并向外拉出。当手车完全进到转运车上并确认与转运车锁定后,解除转运车与柜体的锁定,

把转运车向后拉出。如手车要转运车转运较长距离时,在推动转运小车过程中要格外小心,以避免运输过程中发生倾翻等意外事故。

(4)断路器手车在柜内的分、合闸状态确认:分、合闸状态可由断路器手车面板上的分、合指示牌及仪表室面板上分、合闸指示灯来判定。若透过柜体中面板观察看到手车面板上绿色的分闸指示牌则判定断路器处于分闸状态。此时如果辅助回路二次插头接通操作电源,则仪表面板上分闸指示灯亮。

2. 有接地开关的断路器柜操作

将断路器手车推入柜内和从柜内取出手车的程序,与无接地开关的断路器柜的操作程序完全相同。仅当手车在柜内操作过程中和接地开关操作过程中要注意的地方叙述如下:

(1)手车在柜内操作。当准备将手车推入工作位置时,除了要遵守无接地开关的断路器柜操作中提请注意的诸项要求外,还应确认接地开关要处于分闸状态,否则下一步操作无法完成。

(2)合、分接地开关操作。如图3-6-19、图3-6-20所示,若要合接地开关,首先应确定手车推到试验/断开位置,并取下推进摇把,然后按下接地开关操作孔内的连锁弯板,插入接地开关操作手柄,顺时针转动90°,接地开关处于合闸位置。此时可打开前下门和后门,进行相应的检修工作。如要再次送电,需关闭前下门和后门,插入接地开关操作手柄,再逆时针转动90°,便将接地开关分闸。

图3-6-19　盘面接地刀闸操作部件

图3-6-20　接地刀闸内部元件图

3. 金属铠装封闭式开关柜的断路器小车有3个位置

工作位:小车完全推入柜体,一次隔离触指已与开关柜柜体的一次隔离静触头接通,断路器的二次回路通过航空插头已经与柜体的二次回路接通,一经合闸即可将电送出。

试验位:小车向柜门侧摇出锁定,一次隔离触指与开关柜柜体的一次隔离静触头分开至规定距离,柜体的一次隔离静触头室的挡板落下,断路器的二次回路通过航空插头与柜体的二次回路保持接通,可以进行分、合闸操作而不会将电送出。

检修位:断路器的二次回路通过航空插头已经与柜体的二次回路断开,小车被拉到柜外服务小车上,可以进行断路器检修。开关柜柜门锁闭,或在做好安全措施(锁闭柜体的一次隔离静触头室的挡板)后进行开关柜断路器室内设备的检修。

1)断路器由工作位置转试验/隔离位置的操作

(1)确认断路器已经分闸。

（2）逆时针摇动手柄将断路器手车摇至试验位置（约20圈）。

2）接地开关合闸操作

（1）确认控制电源投入，确认低压室门板上的带电显示器显示电缆侧无电。

（2）压下接地开关舌片，将接地开关操作手柄插入接地开关操作孔内，顺时针旋转180°，将接地开关合闸。

（3）确认接地开关是否完全到位。接地开关的状态可以从3个地方看出：

①信号指示灯。

②柜内接地开关主轴上的指示器。

③接地开关操作孔处的指示。

3）断路器由试验/隔离位置转检修位置的操作

（1）开启断路器室门。

（2）掰开航空插头扣板，将航空插头拔出，将插头挂在断路器手车面板上的固定螺栓。

（3）将服务小车插进并锁定在开关柜上，然后向后试拉小车，确认小车是否锁定，此时小车上的手杆应偏向右侧极限位置。

（4）服务小车上的4个手轮可用来调整小车平台的高度，使服务小车平台和水平隔板的高度保持一致。

（5）向内侧移动断路器手车横梁定位销，将手车移至服务小车上并确认断路器手车已定位。

（6）向左扳动服务小车上的手杆解开服务小车和开关柜的锁定，将服务小车从开关柜上移开。

4）断路器从检修位置转试验/隔离位置的操作

（1）操作前确认断路器室内清洁、无异物。

（2）接地开关已处在分闸位置。

（3）检查活门处于关闭状态。

（4）将载有断路器的服务小车与柜体结合锁定。

（5）将断路器手车移入开关柜内的试验位置，注意手车到位时其横梁定位销在松开后应能弹回外侧极限位置，否则手车无法摇入。

（6）将航空插头对准开关柜上的插座，压下扣板使航空插头完全置入插座内。

（7）关闭断路器室门；如不关闭断路器室门，手车将无法摇入。

（8）确认小车位置信号指示正确。

5）接地开关分闸操作

（1）操作前确认柜内清洁、无异物。

（2）确认开关柜电缆室门已完全关好。

（3）将接地开关操作手柄插入接地开关操作孔内，逆时针旋转180°，接地开关分闸。

（4）确认接地开关分闸是否完全到位（机械状态指示器）。

6）断路器从试验/隔离位置转为工作位置的操作

（1）顺时针摇动手柄将断路器手车摇至运行位置，到位时相应的手车位置指示器会出现指示信号。

（2）按照操作规程的规定给开关柜送电，注意观察信号和指示器是否正常。

六、成套开关柜结构运行维护

开关设备的维护和保养设备/元件的检查和维护周期，遵照检修规程和设备说明书的规定，并根据运行环境、操作频繁程度和跳闸情况可适当调整，一般每2年对开关设备进行一次检查和保养。

（1）按真空断路器使用说明书的要求，检查断路器和操作机构的工作情况，并进行必要的调整和润滑。

（2）检查手车进车、出车全过程的情况，必要时进行调整和润滑。

（3）检查联锁装置是否灵活可靠，必要时进行调整和润滑。

（4）检查动、静隔离触头表面有无损伤，插入深度是否符合要求，弹簧压力有无减弱，表面镀层有无异常氧化现象。

（5）检查母线和各导线连接部位的接触情况并紧固连接，发现表面有发热现象要进行处理。

（6）检查接地回路各部分情况，如接地触头、主接地线及过门接地线的接触情况，保证其导电的连续性。

（7）用软布擦拭极柱和绝缘件表面的灰尘，如因凝露致使出现局部放电现象，可以在放电处表面涂一层薄的硅脂作为临时修补。

复习与思考题

1. 简述什么是高压电气设备。
2. 比较高压断路器、高压隔离开关、高压负荷开关的相同点及不同点有哪些。
3. 请列出与10kV开关柜柜门相关的联锁有哪些。
4. 开关柜"五防"的内容是什么？
5. 牵引变电站内，绝缘安装的设备有哪些？
6. 为什么要进行高压断路器低电压合、分闸试验？
7. 高压隔离开关经常会出现哪些故障？
8. 简述高压熔断器的结构特点有哪些。
9. 10kV真空断路器常见的故障有哪些？
10. 简述高压断路器是怎样分类的。

单元4 直流断路器及成套开关柜

[课题导入]

在供电系统中,直流断路器对变配电系统和用电设备的故障实施保护,采取多种防护,确保船舶供电系统和用电设备的安全。目前我国的城市轨道交通体系均采用直流系统供电,而其直流电源大多为大功率硅整流装置提供,硅整流装置元器件因过载能力低,对直流电网保护元器件的要求更高。快速分断的直流专用断路器是轨道交通中的重要电器。在城市轨道交通供电系统中,直流成套开关柜得到广泛的应用,本单元重点讲授直流断路器及成套开关柜的结构、应用、操作流程和运行维护等。

[学习知识目标]

1.了解常用直流断路器的型号含义。

2.掌握直流断路器的结构。

3.掌握直流开关柜的防护功能。

4.了解开关柜面板的主要元件。

5.掌握直流断路器正常分合闸过程。

6.了解750V直流开关柜按功能分类。

7.掌握直流断路器的维护项目。

[学习能力目标]

1.能列出轨道交通运输中常用的直流断路器的电压等级。

2.能识别直流断路器的各部结构名称。

3.能操作直流断路器的手车。

4.能掌握开关柜的手车开关、手车拉出推入操作流程。

5.能识别开关柜面板各部分名称及其作用。

[建议学时]

8学时。

单元4.1 概　　述

在发电厂、变电站等容量大、电压高的电力系统中,直流系统为继电保护、操作控制、信号音响以及事故照明等设备提供可靠的电源。小型直流断路器作为直流系统中最重要的元器件之一,其稳定可靠的运行将直接保证整个电力系统的安全。信息产业的蓬勃发展迎来了通信电源、EPS、UPS 等直流电源行业的大发展,基站、数据中心像雨后春笋般得出现在神州大地上。为了保证直流电源的高精密度要求,作为直流电源中各级馈电回路中最重要的操作和保护元器件的直流断路器,以其可靠的选择性分级配合对保护设备、限制事故范围起着非常重要的作用。在船舶电力系统和电力推进系统中,直流断路器是非常重要的元器件之一。目前我国的城市轨道交通体系均采用直流系统供电,而其直流电源大多由大功率硅整流装置提供,硅整流装置元器件因过载能力低,对直流电网保护元器件的要求更高。快速分断的直流专用断路器是轨道交通中的重要元器件。直流断路器对变配电系统和用电设备的故障实施保护,采取多种防护,确保船舶供电系统和用电设备的安全。

在目前城市轨道交通供电系统中,直流供电电压主要为 1500V 和 750V 两种,本单元主要介绍直流快速断路器及直流开关柜的结构、原理、功能和参数等。直流快速开关及开关柜是轨道交通直流供电专用的设备,在轨道交通供电系统起着举足轻重的作用。

单元 4.2　直流断路器

一、直流断路器的分类

直流输电系统中换流站的直流断路器主要包括中性母线断路器(NBS)、中性母线接地断路器(NBGS)、金属回路转换断路器(MRTB)和大地回路转换断路器(ERTB)。

在轨道交通直流供电系统中按照磁铁保持方式可分为磁保持和电保持两种;按电压分主要可分为 DC1000V 和 DC2000V 两种。

二、直流断路器的结构

1. 直流断路器的结构

直流断路器又称快速开关,因安装方式为小车式,有时又称小车式快速开关,本节以瑞士赛雪龙公司的 UR40M-81S 型单极双向快速直流断路器为例进行讲解。UR40M-81S 开关具有电磁保持和自然冷却功能,对地的绝缘水平较高,使用寿命长,维护简单,分闸速度快,灭弧能力强,合闸后采用磁保持节省能源。为了适应北京地铁高负荷、分断更快的要求,该款断路器增加了间接脱扣装置,提高了电量保护动作的跳闸速度。

UR40M-81S 安装在可以方便抽出的四轮手车上,手车上装有断路器、测量放大器、一次动触头、SEPCOS 控制保护装置(或 PLC)、继电器以及其他电源等元件。手车通过一次动触头实现与主母排断开或连接,当断路器 Ids 脱扣器监测到短路电流的情况下,能自由脱扣,快速分断一次回路。通过断路器上的航空插头实现与二次回路的断开或连接。

直流断路器相关各部件结构图如图 4-2-1 所示。

直流断路器相关各部件结构图说明如下:

(1)固定绝缘框架是由加强型玻璃纤维聚酯绝缘材料制成(体积小、质量轻、绝缘高)。

(2)一次回路由一个下部连接排(21)、一个动触头(22)、一个上部连接排(23)、一个静触头(24)组成。

(3)瞬时过流脱扣器(大电流脱扣)。

（4）灭弧室。

（5）合闸装置和拨叉。

（6）带推杆的辅助接点盒。

（7）冷却器（仅 UR40）。

（8）散热器。

（9）间接脱扣器（BI）（仅分闸）。

（10）止动爪。

（11）断路器航空插头。

（12）限位块。

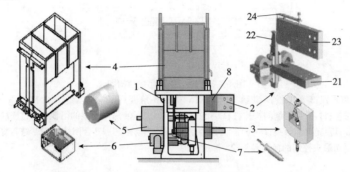

图 4-2-1　快速开关各部件结构图

1-绝缘框架;2-一次回路;3-瞬时过流脱扣器;4-灭弧室;5-合闸位置和拨叉;6-辅助接点盒;7-冷却器;

8-散热器;21-下部连接排;22-动触头;23-上部连接排;24-静触头

直流断路器的主要结构如图 4-2-2、图 4-2-3 所示,直流快速断路器结构主要包括:玻璃纤维加强型聚酯物制成的绝缘框架、支撑及主回路、脱扣装置、辅助接点盒以及灭弧室。

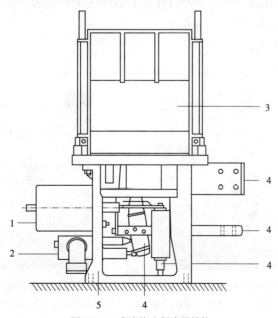

图 4-2-2　直流快速断路器结构

1-脱扣装置;2-辅助接点盒;3-灭弧室;4-绝缘框架支撑及主回路;5-绝缘框架

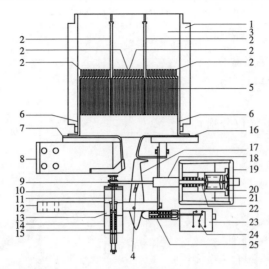

图 4-2-3　快速开关详细结构图

1-灭弧室；2-去离子板；3-灭弧板；4-动触头止动爪；5-隔板；6-角板；7-带银合金表面的接点；8-上接线排；9-拨叉单元；10-动磁芯；11-弹簧控制的操作杆；12-下接线排；13-层压的薄片构成的衔铁；14-过流脱扣装置；15-同用弹簧；16-电极；17-支撑动触头；18-操作杆；19-合闸装置；20-动磁芯；21-合闸线圈；22-磁芯复位弹簧；23-辅助接点盒；24-由动触头控制的换向触头；25-推进机构

2. 直流断路器的灭弧装置

UR40M-81S 开关采用灭弧栅灭弧。当断路器故障分闸时，由于主回路的独特设计和触头自身特点而具有的磁吹性能，在动静触头间产生的电弧将被迅速吹入灭弧室。一旦电弧进入灭弧室，它将灭弧栅片分割。这样，燃烧的电弧在位于隔板上方的绝缘板之间放电的同时去离子。在灭弧的过程中，电流一方面流经上部连接排和触头，另一方面在导弧脚板的帮助下流经电极和下部的连接排。

3. 直流断路器小车上各元器件

直流断路器小车上各元器件说明如图 4-2-4～图 4-2-8 所示。

图 4-2-4　断路器合闸面板图

1-合闸装置；2-大电流脱扣机械顶杆；3-紧急分闸行程开关；4-合闸计数器；5-合分闸机械指示牌

图 4-2-5　断路器分、合闸接触器布置图

1-手车解锁电磁铁；2-旁路电隔分闸接触器；3-开关分闸接触器；4-旁路电隔合闸接触器；5-开关合闸接触器；6-旁路电隔热继电器

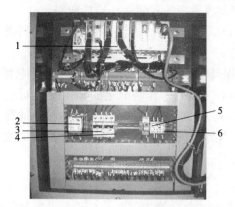

图 4-2-6　微机保护面板图

1-SEPCOS 微机保护装置;2-电源滤波器;3-控制电源空开;4-合闸电源空开;5-合闸电源故障继电器;6-手车解锁继电器

图 4-2-7　断路器本体结构图

1-静触头;2-大电流流脱扣装置;3-散热片;4-动触头;5-拨叉单元;6-合闸装置;7-大电流脱扣机械顶杆;8-合分闸辅助触点盒

小车位置行程开关

图 4-2-8　小车行程开关位置图

三、直流断路器的操作机构

断路器主回路包含一个支撑动触头的下部连接排,一个上部连接排和表面镀银的触头。合闸装置由一个带合闸线圈的大块罐状磁铁组成。过流脱扣装置包含一个由层压的薄片构成的衔铁,一个连到由弹簧控制的操作杆上的动磁芯,由于该杆的作用可以设定脱扣整定值。

灭弧室包括角板、隔板和去离子板,以上这些都安装在两块灭弧板之间。

1. 主回路

主回路在合闸装置的作用下接通,此合闸装置直接操作动触头,动触头及静触头的表面均为银合金。软连接作为下部连接排和动触头连接之用,触头接触时所产生的震动可经减振器消除。当断路器由于过流或正常的分闸命令而分闸的话,推进机构将会带动动触头分闸。

2. 操作机构

操作机构可在 220/110V 或 72/36V 或 64/32V 或 48/24V 直流电源电压等级下工作,动触头在拨叉单元的作用下合闸,后者又由合闸装置驱动压迫至与动触头止动爪相靠。

如果一个 0.5~1s 的电流脉冲通过合闸线圈,断路器将合闸。这将产生一个电磁场吸引动磁芯与拨叉单元相连。同时磁芯压迫弹簧使触头受到压力。

断路器可由保持电流(电保持型)或永磁铁(磁保持型)保持在合闸状态。就电保持型而言,在 0.5s 的脉冲过后,一电阻值将起作用使保持电流限制在合闸电流的 5%,分闸可通过切断保持电流(电保持型)或发出反磁极脉冲(磁保持型)进行控制。在 0.5s 的脉冲过程中,电流为合闸电流的 20%,电阻仍起作用。当断路器由于"OFF"命令分闸,复位弹簧将拉回拨叉单元,同时推进机构分开动触头。

3.脱扣装置

该装置由一个固定的层压薄片状的衔铁以及一个连到由弹簧控制的推杆上的动衔铁组成。脱扣整定值可以在此推杆的协助下完成设定。

在过流(短路或过载)的情况下,由主回路构成的缠绕线圈将在固定衔铁内部产生电磁场。使动衔铁被拉起,并撞击拨叉,使动触头迅速脱扣。在断路器由于过流而分闸之后,合闸装置由分闸信号"OFF"复位。作为可选件,固定铁芯可使衔铁的固定部分发生改变以得到更加迅速的磁饱和从而产生两个不同的脱扣范围。

过流设定值可以在 2~5kA 或 4~10kA 和 2~8kA 或 4~15kA 范围内调整。设定值可由螺母进行调整,并通过动衔铁定向导杆上的刻度读取数值。

四、断路器各机构动作原理

1.断路器正常分合闸过程(图 4-2-9)

1)合闸过程

当操作就地合闸开关或遥控合闸时,向 SEPCOS 发出合闸命令,SEPCOS 输出 1s 正向脉冲,接通合闸继电器 K1,合闸装置(1)受电推动拨叉(2)使动触头(3)合上并且使动触头(3)压紧静触头(9),动触头(3)压动推杆(4)移动并带动辅助触点(5)变位压紧推杆中的分闸弹簧为分闸做准备。合闸时的震动力会被止动器(6)所吸收。一旦主触头合上,断路器辅助触点(5)变位,合闸后合闸装置(1)失电。线圈失电后,断路器通过合闸线圈的永磁机构保持合闸状态。

2)分闸过程

当操作就地分闸开关或遥控分闸时,向 SEPCOS 发出分闸命令,SEPCOS 输出 1s 反向脉冲,接通合闸继电器 K2,合闸装置(1)流过反磁极电流(为合闸电流的 20%),给永磁机构消磁,导致拨叉(2)缩回来。于是推杆(4)中的分闸弹簧推动动触头(3)与静触头(9)分离,并使辅助触点(5)变位。产生在动静触头间(3、9)的电弧通过角板(11)向上移至灭弧室(10)并被灭弧栅(12)分割,电离气体在去离子板(13)间被去游离。

2.Ids(大电流脱扣)保护动作过程(图 4-2-10)

1)大电流脱扣机构

直接跳闸装置由一个固定的层压铁芯和一个弹簧片组扣住的杆相连接的活动铁芯组成,跳闸定值可借助调节该杆来设定大电流脱扣值。

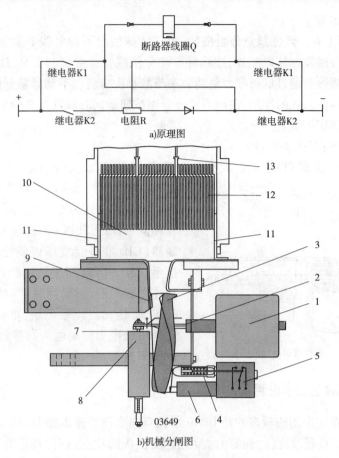

图 4-2-9 断路器分合闸原理图及机械分闸图

1-合闸装置;2-拨叉;3-动触头;4-推杆;5-辅助触点;6-止动器;7-活动铁芯;8-硅钢片层压铁芯;9-静
触头;10-灭弧室;11-角板;12-灭弧栅;13-去离子板

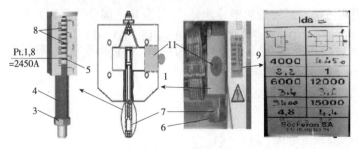

图 4-2-10 直接跳闸装置

1-层压固定磁铁;3-调整锁定螺母;4-调整螺杆 5-当前刻度值;6-调整螺杆护套;7-弹簧片组;8-刻度值表;9-定值对
照表;11-移动铁芯

2)Ids 保护动作过程

如果主回路出现过流(短路或过载)超过 Ids 设定值,将在层压固定铁芯中产生较强的感应磁场,在磁力的作用下,活动铁芯(7)上推,敲击拨叉(2),使其脱离限位块,同时推杆中的分闸弹簧通过机械推力使动触头与静触头分离,完成 Ids 保护跳闸。

3）紧急分闸过程

750V 开关柜上有一红色紧急分闸按钮,当在特殊情况下需要按下紧急分闸按钮时,它通过一连动杆与分闸脱扣装置相连,连动杆带动分闸脱扣装置顶起拨叉,使其脱离限位块,同时推杆中的分闸弹簧通过机械推力使动触头与静触头分离。手动紧急分闸按钮打开具有手车解锁操作手柄插入孔的作用,在按下紧急分闸按钮的同时联动紧急分闸行程开关,将动作信号上传至控制保护装置。

4）间接脱扣动作(图 4-2-11)

间接脱扣动作由 SEPCOS 装置发出指令,CID 与 BI 组成执行单元。在 750V 开关发生

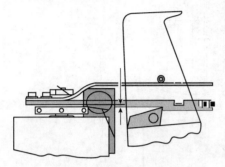

图 4-2-11　间接脱扣动作机构

电量保护动作(Imax + 、DDL)时,SEPCOS 向断路器发出分闸命令,其过程与断路器分闸过程相同。同时 SEPCOS 也向 CID 间接脱扣控制器(CID 准备就绪即该装置充电完毕)脱扣指令,CID 向 BI(间接脱扣器)放电,BI 受电推动连动杆向前运动,同时带动分闸脱扣装置顶起拨叉,使其脱离限位块,推杆中的分闸弹簧通过机械推力使动触头与静触头分离,完成整个跳闸过程。

五、直流断路器的型号说明

在轨道交通系统中用的较多的是 UR40 单极双向直流快速断路器,具有电磁控制、自然冷却等特点。就其具有过流(短路等)时反应速度极快的特点而言,其适用于变电站中直流设备的保护。断路器经特殊设计来确保过流时触头能快速分断,且瞬时产生一种持续整个电弧阶段的过电压来达到灭弧的效果,且断路器具有绝缘水平高、分断能力强、不受气候条件的影响、工作寿命长、维护简单方便、外形尺寸小等特点。

下面举例说明该类型断路器的型号含义,型号及各个部分的含义如下:

$$\frac{UR}{1}\ \frac{40}{2}\ \frac{E}{3}\ \frac{110}{4}\ \frac{D}{5}\ \frac{6}{6}\ \frac{310}{7}\ \frac{E}{8}\ \frac{8}{9}\ \frac{1}{10}\ \frac{TD}{11}\ \frac{00}{12}$$

1 表示快速断路器

2 表示额定电流:$40 \times 100 = 4000A$

3 表示电保持 E;磁保持 M

4 表示合闸线圈额定电压: 24V = 24

32V = 32

36V = 36

48V = 48

64V = 64

72V = 72

110V = 110

220V = 220

5 表示瞬时过流脱扣装置 D;直接和间接电容脱扣 I

6 表示整定范围:用数字表示

　　　　2000-5000A 5

　　　　2000-8000A 6

　　　　4000-10000A 7

　　　　10000-15000A 8

7 表示整定电流 ×10(A)310

举例:310 × 10 = 3100A

8 表示电动合闸 E

9 表示灭弧室型号 8

10 表示额定工作电压 1000V 2000V

11 表示运行:S-固定;TD-机车安装

12 表示选件

六、直流断路器的检修维护

在日常运行过程中,定期检查维护。检查维护的注意事项如下:

(1)在主回路尚未断开以及变电站接地保护尚未安装之前请千万不要接触断路器。

(2)后面所述的各种控制操作只需要低压直流电源,请在操作时遵守安全规则。

(3)在断路器分合闸操作过程中,请将手远离活动部件,否则将可能导致严重后果。

(4)对断路器的触头应该进行特别的检查和维护。任何灰尘都必须用干抹布擦去,如果形成大块的堆积,则应该用金属刷刮干净。

(5)对触头千万不能用锉刀,同时绝对禁止对触头的润滑。

(6)触头磨损:主触头,包括动、静触头都有可能会磨损掉 10mm 之多。但经验证明这样的情况也只会在设备连续运行多年后才会发生。磨损将导致触头压力的减小,同时合闸装置的行程将会增加 5mm。当触头开距变为(3 ± 0.5)mm 时,主触头必须更换。

(7)灭弧室的拆卸。完全拧开灭弧室固定螺栓和垫片,对于固定式安装结构,松开灭弧室角板上面和顶板两端的连接法兰,并将其旋转 90°。

(8)灭弧板的检查。无论在断路器经过过流或短路保护动作后,都应对其进行检查。拆下灭弧室,拿出灭弧板,用干布和吸尘器清洁后进行检查。如果这些板出现裂纹或严重烧损(烧损超过原厚度 12mm 的 1/2)则必须立即更换。

(9)灭弧室的检查。在更换主触头或进行周期性检查时,也应同时仔细检查灭弧室。灭弧室入口处的状态可代表其总体状况。只要角板的磨损没有超过其原截面的 1/2,灭弧室还可以继续使用。

(10)其他测量要求:

①遥测绝缘电阻:1000V 兆欧表遥测触头对外壳及地的绝缘电阻不小于 50MΩ。

②进行电动合分闸:动作可靠、机构动作正常。

③开关在 85% 额定操作电压下合闸 3 次,开关应能可靠闭合。

④开关在 110% 额定操作电压下合闸 3 次,开关应能可靠闭合。

⑤开关在75%额定操作电压下分闸3次,开关应能可靠分断。

⑥开关在110%额定操作电压下分闸3次,开关应能可靠分断。

单元4.3　直流成套开关柜

一、快速开关柜参数

KMB系列开关柜是户内直流牵引供电成套装置,适用于地铁或轻轨等公共交通工程中直流牵引供电系统,作为接收和分配电能使用,并对电路实行测量、保护和控制,其电气参数如表4-3-1所示。

KMB系列开关柜电气参数 　　　　　　　　表4-3-1

开关柜型号	KMB06/KMB08
制定工作电压	DC750V/DC1500V
辅助回路额定电压 　保护回路 　信号回路 　控制回路	 DC220V/DC110V DC220V/DC110V DC220V/DC110V
主回路及传感器额定绝缘水平 　工频耐压 　一次回路对框架	 5.5/8.5kV,50Hz,1min
二次回路对框架:	2.0kV,50Hz,1min
冲击耐压(1.2/50μs)	≥15kV
额定电流	2600A/3600A/4000A/4500A/6000A
额定绝缘电压	1600/3000V
防护等级	1P3X

二、开关柜功能及分类

开关柜应具备可靠的、合理的泄压通道。壳体采用2mm厚的加强型钢板焊接组装而成,侧面板为固定面板,后面板可为封板或带锁的门,前部面板根据不同柜型决定,整个机构强度高、刚度好、稳定性强。以750V直流开关柜为例来讲解。

750V直流开关柜(图4-3-1)按功能分为:进线柜(总闸柜)、馈线柜(分闸柜)、备用柜、负极柜、直流配电柜、纵联柜、制动能量馈出柜及端子柜。

(1)进线柜:将整流器的正极连接到直流开关柜的主母排上。

(2)馈线柜:将正极电压馈出到线路上。

(3)备用柜:当一个馈线断路器故障时与此柜旁路电隔配合,代替该馈线柜。

（4）负极柜:将轨道的负极与整流器的负极相连。

（5）端子柜:柜间接口及对外接口(柜间连锁、柜外连锁、数据上传至 SCADA)。

（6）制动能量馈出柜:为再生能量制动柜工作提供电压。

（7）直流配电柜:将馈线柜引出电压送至接触轨。

（8）纵联柜:当本站退出后与左右邻站组成大双边供电方式。

图 4-3-1　正线站 750V 开关排列图

三、开关柜的主要组成部分

1. 开关柜

以 750V 直流系统为例,在 750V 直流系统中进线柜、馈线柜、备用柜、纵联柜及 80 柜主要组成部分基本柜室布局类似,以馈线柜为例,如图 4-3-2 所示。

馈线开关柜主要分为:母线室、二次室、手车室及断路器手车。

（1）母线室中包括:正母线、备用正母线及电动隔离开关,如图 4-3-3 所示。

注:在备用柜及制动能量馈出柜中没有电动隔离开关,另外制动能量馈出柜仅有正母线。

（2）二次室:二次室位于开关柜上部,主要用于将控制电源、联锁信号引入本柜并将柜内信号上传至端子柜。

（3）断路器手车:750V 断路器、手车面板上操作按钮及指示灯、手车上部低压室、手车底部低压室。

（4）手车室:用于放置断路器手车,并起到隔离一次回路的作用。

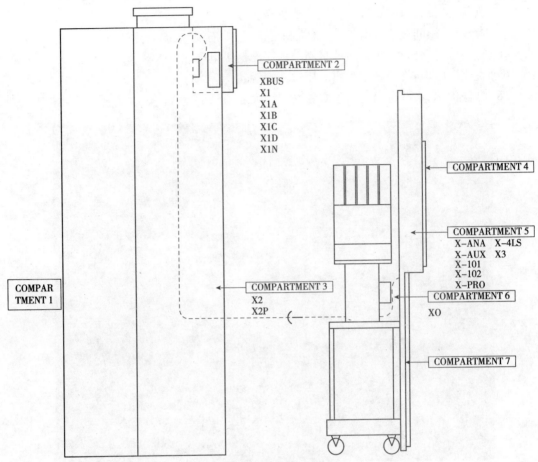

图 4-3-2　馈线开关柜组成部分

2. 负极柜(图 4-3-4)

负极柜主要有柜体面上的操作按钮、上部低压室和高压室组成。在高压室内有 2 个负极隔离开关及负母排。

图 4-3-3　馈线柜母线室
1-正母线;2-备用母线;3-旁路电隔;4-馈出侧

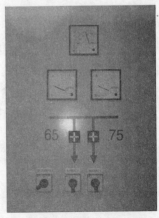

图 4-3-4　负极柜

3. 端子柜(图 4-3-5)

端子柜主要有面板上操作按钮指示灯及柜体侧面低压室组成。

4. 直流配电柜(图 4-3-6)

直流配电柜主要由面板上操作按钮指示灯、上部低压室及下部高压室组成。

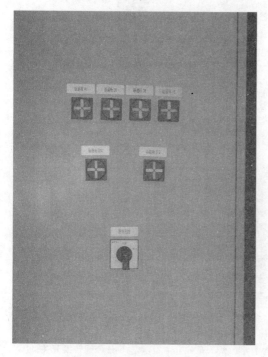

图 4-3-5   端子柜正视图

图 4-3-6   直流配电柜

四、开关柜面板主要元件的说明

1. 开关柜

进线柜、馈线柜、80 柜、备用柜 90、纵联柜除显示单元外基本相同,开关柜面板主要元件介绍以进线柜为例。

1)开关柜面板主要元件(图 4-3-7)

(1)开关柜二次室:用于上传或接收信号。

(2)开关小车二次室:主要有保护装置、电源空开、继电器及端子排等元件。

(3)显示单元:用于显示开关小车当前状态、断路器分合闸状态、母线电压、馈线电流、查看或更改定值、事件查询等功能。

(4)分合闸显示灯:用于显示进线断路器(70)分合闸状态。

(5)分合闸显示灯:用于显示进线电隔(71)分合闸状态。

(6)分合闸转换开关:用于操作进线断路器(70)分合闸。

(7)分合闸转换开关:用于操作进线电隔(71)分合闸。

(8)控制模式选择开关:选择开关可打到"0"位、"就地"位、"远方"位 3 个位置。

(9)**手车解锁**:与手柄操作孔配合操作开关小车由工作位→实验位、实验位→工作位的位置转换。

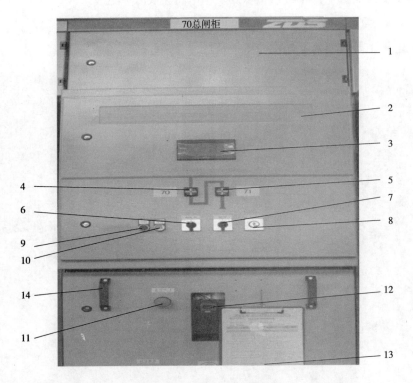

图 4-3-7　进线柜 70 开关柜实物图

1-开关柜二次室;2-开关小车二次室;3-显示单元;4-分合闸显示灯;5-分合闸显示灯;6-分合闸转换开关;
7-分合闸转换开关;8-控制模式选择开关;9-手车解锁;10-故障总信号(复位);11-紧急分闸按钮;12-合闸计
数器、手柄解锁;13-手柄操作孔;14-推拉把手、机械解锁

(10)**故障总信号(复位)**:为带指示灯的按钮,当开关出现故障信号或闭锁信号时,此等亮起,可按下此按钮复位故障信号。

(11)**紧急分闸按钮**:用于当断路器在合位时,无法电气操作分开断路器或出现紧急情况时,快速按下次按钮时断路器机械分闸。

(12)**合闸计数器**:用于记录断路器合闸次数。

手柄解锁:与紧急分闸配合使用,用于打开开关小车位置操作手把孔。

(13)**手柄操作孔**:用于插入手把操作开关小车由工作位→实验位、实验位→工作位的位置。

(14)**推拉把手、机械解锁**:踏住机械解锁踏板可将开关小车由试验位拉至隔离位。

2)进线柜手车及开关柜内部主要元件

进线柜手车及开关柜内部主要元件介绍如图 4-3-8 ~ 图 4-3-11 所示。

图 4-3-8 ~ 图 4-3-11 说明如下:

(1)**控制保护装置**:PLC(S7-200)。

(2)**空开**:控制电源、线圈及马达电源、加热器电源。

（3）电源转换模块：将 220VDC 电源转换为 24VDC 电源。

（4）端子排：X3、X5 端子排。

图 4-3-8　进线开关柜内部元件（一）

1-控制保护装置；2-空开；3-电源转换模块；4-端子排；5-控制继电器；6-加热器；7-测量放大器

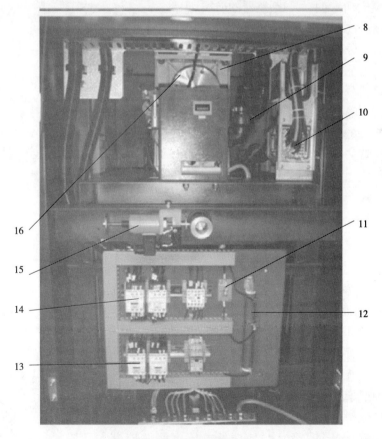

图 4-3-9　进线开关柜内部元件（二）

8-断路器；9-XQ 航空插头；10-X2 航空插头；11-断路器分合闸线圈回路二极管；12-断路器分合闸线圈回路滑动变阻器；13-断路器分合闸接触器；14-进线电隔分合闸接触器；15-手车电磁锁；16-断路器分合闸线圈

（5）控制继电器。

（6）加热器：分为 100W、50W 的加热器，分别位于手车室、手车上部低压室。

图 4-3-10　间接脱扣控制器与测量放大器
17-间接脱扣控制器；18-测量放大器

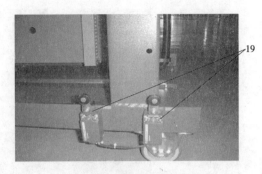

图 4-3-11　手车位置行程开关
19-手车行程开关

（7）测量放大器。

（8）断路器：UR40-81S 型断路器。

（9）XQ 航空插头：手车与断路器的航插。

（10）X2 航空插头：开关柜与手车的航插。

（11）断路器分合闸线圈回路二极管。

（12）断路器分合闸线圈回路滑动变阻器。

（13）断路器分合闸接触器。

（14）进线电隔分合闸接触器。

（15）手车电磁锁。

（16）断路器分合闸线圈。

（17）间接脱扣控制器。

（18）测量放大器。

（19）手车行程开关。

2. 负极柜

1）概述

负极柜是钢轨与整流器负极之间的回流通道，采用电动隔离开关，负极柜上部和后部设低压元件室，柜内设置一套框架泄露保护装置，防止直流设备内部绝缘损害时放电造成人身危险，同时对某些特殊的故障进行保护。

2）负极柜前面板主要元件介绍

如图 4-3-12 所示，负极柜前面板（图 4-3-12）说明如下：

（1）负/地框架跳闸投入/退出：投推负对地框架电压跳闸保护。

（2）负/地框架报警投入/退出：投推负对地框架电压报警保护。

（3）负/地框架报警：当负对地框架电压报警保护投入且该保护动作后，此故障灯亮起。

（4）负/地框架跳闸：当负对地框架电压跳闸保护投入且该保护动作后，此故障灯亮起。

（5）FP框架电流跳闸：当发生框架电流保护动作时，此故障灯亮起。

（6）故障信号（复位按钮）：当发生框架保护动作后，此灯亮起。故障消除后，可按下此复位消除故障信号。

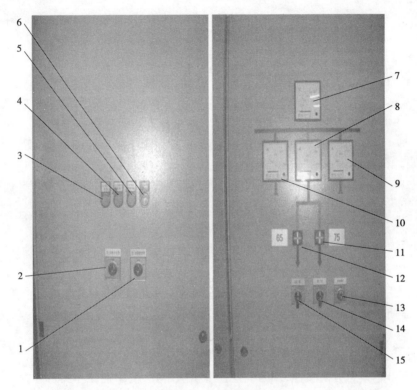

图 4-3-12　负极柜前面板

1-负/地框架跳闸投入/退出;2-负/地框架报警投入/退出;3-负/地框架报警;4-负/地框架跳闸;5-FP框架电流跳闸;6-故障信号;7-母线电压表;8-总电流表;9-下行轨道电流表;10-上行轨道电流表;11-分合闸指示灯;12-分合闸指示灯;13-控制模式选择开关;14-分合闸转换开关;15-分合闸转换开关

（7）母线电压表：监测正负母线电压。

（8）总电流表：监测上下行回路总电流。

（9）下行轨道电流表：监测下行轨道回路电流。

（10）上行轨道电流表：监测上行轨道回路电流。

（11）分合闸指示灯：显示75电隔分合闸位置。

（12）分合闸指示灯：显示65电隔分合闸位置。

（13）控制模式选择开关：选择开关可打到"0"位、"就地"位、"远方"位3个位置。

（14）分合闸转换开关：当满足操作条件时，可进行75电隔的分合闸操作。

（15）分合闸转换开关：当满足操作条件时，可进行65电隔的分合闸操作。

3. 端子柜

端子柜主要用于柜间接口及对外接口，端子柜面板元件介绍如图4-3-13所示。

端子柜面板说明如下：

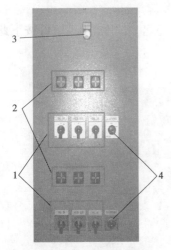

图 4-3-13　端子柜面板
1-分合闸操作转换开关；2-分合闸指
示灯；3-MCB 跳闸总故障灯；4-控制
转换开关

（1）分合闸操作转换开关：16、813、36 操作开关，26、824、46 操作转换开关。

（2）分合闸指示灯：16、813、36 分合闸指示灯，26、824、46 分合闸指示灯。

（3）MCB 跳闸总故障灯：二次空开跳闸故障灯。

（4）控制转换开关：远方/就地转换开关。

五、开关柜防护功能

联锁关系：各柜操作必须遵循已确定好的联锁关系进行。任何情况下隔离开关不能带负荷操作，因此通常合闸先后顺序依次为负极柜、正极柜、交流断路器，最后是馈线柜，分闸顺序相反。

开关手车拉出推入操作流程（包含手车解锁及挡板）如下。

1）手车推入步骤（由隔离位推至工作位）

（1）确认断路器处于分闸位置。

（2）检查手车室内没有其他物体或工具遗留在手车内、触头挡板可以自由开合，准备好进行操作。

（3）连接手车与柜体间的 X2 航空插头（二次辅助回路接通）并合起控制电源空开。

（4）用手将手车推进柜体，至手车处于"试验位"位置。查看显示单元是否显示在"试验"位置。

（5）将面板上的模式选择开关打到"0"位。

（6）按下红色紧急分闸按钮，同时向左拉开机械解锁，使手柄操作孔打开。

（7）将手柄水平插入操作孔，同时按住手车解锁按钮，使之解锁。

（8）手车手柄逆时针旋转 180°，使手车由试验位置行进至工作位置（操作手柄旋转一定角度后即可释放解锁按钮）。

（9）向右拉机械解锁，使手柄操作孔关闭。

（10）按下解锁按钮，测试电磁锁是否正常动作，若发出清脆的响声，则正常。

（11）将模式选择开关打到就地，并查看显示单元手车位置是否显示在"工作"位置。

注：如手车开关由试验位推至工作位，完成第（6）～（12）步开始操作即可。

2）手车推出步骤（由工作位至隔离位）

（1）确认断器处于分闸位置。

（2）将面板上的模式选择开关打到"0"位。

（3）按下红色紧急分闸按钮，同时向左拉开机械解锁，使手柄操作孔打开。

（4）将手柄水平插入操作孔，同时按住手车解锁按钮，使之解锁。

（5）手车手柄顺时针旋转 180°，使手车由工作位置行进至试验位置（操作手柄旋转一定角度后即可释放解锁按钮）。

（6）此时，手车处于"试验"位置，查看显示单元上是否显示在"试验"位。

（7）踏下解锁踏板，同时双手用力拉住手车把手向外拉出开关柜。

（8）此时，手车处于"隔离"位置，查看显示单元上是否显示在"隔离"位。

（9）将面板上的模式选择开关打到"就地"位。

（10）如需要，断开小车的二次电源，移开手车与柜体间的航空插头。

（11）此时，手车处于"移开"位置。

注：如手车开关由推工作位至试验位，完成第（1）～（6）步开始操作即可。

复习与思考题

1. 直流断路器有哪些组成部分？

2. 直流断路器是怎样分类的？

3. 直流断路器维护项目有哪些？

4. 直流开关柜的防护功能有哪些？

5. 直流开关柜是由哪些部分组成的？

6. 简述直流开关柜的防护功能。

7. 直流开关柜由哪些部件组成？

8. 开关柜手车开关手车拉出、推入的操作流程是什么？

9. 750V 直流开关柜按功能主要分为哪几类？

10. 简述直流断路器正常分合闸过程。

单元 5　低压断路器及成套开关柜

[课题导入]

低压断路器(又称自动开关)是一种不仅可以接通和分断正常负荷电流和过负荷电流,还可以接通和分断短路电流的开关电器。低压断路器在电路中除起控制作用外,还具有一定的保护功能,如过负荷、短路、欠压和漏电保护等。低压断路器可以手动直接操作和电动操作,也可以远方遥控操作,在城市轨道交通供电系统低压配电系统中得到广泛地应用。

[学习知识目标]

1. 了解低压断路器的分类。

2. 掌握低压断路器的功能作用。

3. 了解低压断路器的型号及结构。

4. 理解低压断路器的原理。

5. 掌握低压成套开关柜的使用及操作。

6. 掌握低压成套开关柜的运行维护。

[学习能力目标]

1. 能辨别不同类型的低压断路器。

2. 能认知低压断路器的型号和含义。

3. 能掌握低压成套开关柜的操作方法。

4. 具备低压成套开关柜运行维护的能力。

5. 具备操作低压成套开关柜的能力。

[建议学时]

14 学时。

单元 5.1　低压断路器

一、低压断路器的概述

1. 低压断路器的定义

低压断路器是指能够接通、承载及分断正常电路条件下的电流,也能在规定条件下,接通、分断故障电流的开关设备。

2.低压断路器的作用

低压断路器主要用于电动机和其他用电设备的电路中,在正常情况下,它可以分断和接通工作电流;当电路发生过载、短路、失压等故障时,它能自动切断故障电路,有效地保护串接于它后面的电器设备;还可用于不频繁地接通、分断负荷的电路,控制电动机的运行和停止。

二、低压断路器的分类及型号

1.低压断路器的分类

低压断路器的种类很多,可按结构形式、灭弧介质、用途、极数及操作方式等来分类。

1)按结构形式分类

低压断路器按结构形式分类主要有万能式(又称框架式)、塑料外壳式和小型模数式。

2)按操作方式分类

低压断路器按操作方式分类主要有手动操作式、电动操作式和储能操作式。

3)按主电路极数分类

低压断路器按主电路极数分类主要有单极、二极、三极、四极式断路器,小型断路器还可以拼装组合成多极断路器。

4)按安装方式分类

低压断路器按安装方式分类主要有固定式、插入式和抽屉式。

5)按低压断路器在电路中的用途分类

按低压断路器在电路中的用途可分为配电用断路器、电动机保护用断路器、照明用断路器和漏电保护断路器等。

6)按灭弧介质分类

按灭弧介质分类主要有空气断路器和真空断路器等。

7)按保护脱扣器的种类分类

按保护脱扣器的种类来分类主要有短路瞬时脱扣器、短路短延时脱扣器、过载长延时反时限保护脱扣器、欠电压瞬时脱扣器、欠电压延时脱扣器、漏电保护脱扣器等。脱扣器是断路器的一个组成部分,根据不同的用途,断路器可配备不同的脱扣器。

以上各类脱扣器在断路器中可单独或组合成非选择性或选择性保护断路器,而智能化保护,其脱扣器由微机控制,保护功能更多,选择性更好,这种断路器称为智能型断路器。

8)按是否具有限流性能分类

按是否具有限流性能分类主要有一般不限流型和快速限流型断路器。

2.低压断路器的符号及型号含义

DZ 25—□／□□□

第一位置:DZ 表示塑壳式断路器,DW 万能式断路器。

第二位置:设计序号。

第三位置:额定电流。

第四位置:表示极数,1 表示单极,2 表示双极,3 表示三极,4 表示四极。

第五位置:表示脱扣器代号,0 表示无脱扣器,1 表示热脱扣器,2 表示电磁脱扣式,3 表示复式。

第六位置:表示附件代号,0 表示无辅助触头,2 表示有辅助触头。

三、低压断路器的结构及工作原理

1. 低压断路器的结构

低压断路器的形式、种类虽然很多,但结构和工作原理基本相同,主要由触点系统、灭弧系统、各种脱扣器,包括电磁式过电流脱扣器、失压(欠压)脱扣器、热脱扣器和分励脱扣器,操作机构和自由脱扣机构几部分组成。低压断路器的结构如图 5-1-1、图 5-1-2 所示。

图 5-1-1　低压塑壳式断路器结构图
1-热脱扣器;2-按钮;3-电磁脱扣器;4-接线柱

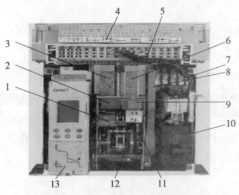

图 5-1-2　低压万能式断路器结构图
1-分合指示;2-分闸按钮;3-欠压脱扣器;4-二次回路接线端子;5-分励脱扣器;6-闭合电磁铁;7-辅助触头;
8-储能手柄;9-合闸手柄;10-储能电机;11-操作机构;12-储能指示;13-智能控制器

(1)脱扣器是低压断路器中用来接收信号的元件。若线路中出现不正常情况或由操作人员或继电保护装置发出信号时,脱扣器会根据信号的情况通过传递元件使触头动作掉闸切断电路。

低压断路器的脱扣器一般有电磁脱扣器、热脱扣器、失压脱扣器和分励脱扣器等几种。

　　低压断路器投入运行时,操作手柄已经使主触头闭合,自由脱扣机构将主触头锁定在闭合位置,各类脱扣器进入运行状态。

　　①电磁脱扣器。电磁脱扣器与被保护电路串联。线路中通过正常电流时,电磁铁产生的电磁力小于反作用力弹簧的拉力,衔铁不能被电磁铁吸动,断路器正常运行。当线路中出现短路故障时,电流超过正常电流的若干倍,电磁铁产生的电磁力大于反作用力弹簧的拉力,衔铁被电磁铁吸动通过传动机构推动自由脱扣机构释放主触头。主触头在分闸弹簧的作用下分开切断电路起到短路保护作用。

　　②热脱扣器。热脱扣器与被保护电路串联。线路中通过正常电流时,发热元件发热使双金属片弯曲至一定程度刚好接触到传动机构并达到动态平衡状态,双金属片不再继续弯曲。若出现过载现象时,线路中电流增大,双金属片将继续弯曲,通过传动机构推动自由脱扣机构释放主触头,主触头在分闸弹簧的作用下分开,切断电路到过载保护的作用。

　　③失压脱扣器。失压脱扣器并联在断路器的电源侧,可起到欠压及零压保护的作用。电源电压正常时扳动操作手柄,断路器的常开辅助触头闭合,电磁铁得电,衔铁被电磁铁吸住,自由脱扣机构才能将主触头锁定在合闸位置,断路器投入运行。当电源侧停电或电源电压过低时,电磁铁所产生的电磁力不足以克服反作用力弹簧的拉力,衔铁被向上拉,通过传动机构推动自由脱扣机构使断路器掉闸,起到欠压及零压保护作用。

　　④分励脱扣器。分励脱扣器用于远距离操作低压断路器分闸控制。它的电磁线圈并联在低压断路器的电源侧。需要进行分闸操作时,按动常开按钮使分励脱扣器的电磁铁得电吸动衔铁,通过传动机构推动自由脱扣机构,使低压断路器掉闸。在一台低压断路器上同时装有两种或两种以上脱扣器时,则称这台低压断路器装有复式脱扣器。

　　(2)触头系统低压断路器的主触头在正常情况下可以接通分断负荷电流,在故障情况下还必须可靠分断故障电流。主触头有单断口指式触头、双断口桥式触头、插入式触头等几种形式。主触头的动、静触头的接触处焊有银基合金触点,其接触电阻小,可以长时间通过较大的负荷电流。在容量较大的低压断路器中,还常将指式触头做成两挡或三挡,形成主触头、副触头和弧触头并联的形式。

　　(3)灭弧装置。低压断路器中的灭弧装置一般为栅片式灭罩,灭弧室的绝缘壁一般用钢板纸压制或用陶土烧制。

　　2. 低压断路器的工作原理

　　低压断路器的主触点是靠手动操作或电动合闸的。主触点闭合后,自由脱扣机构将主触点锁在合闸位置上。过电流脱扣器的线圈和热脱扣器的热元件与主电路串联,欠电压脱扣器的线圈和电源并联。当电路发生短路或严重过载时,过电流脱扣器的衔铁吸合,使自由脱扣机构动作,主触点断开主电路。当电路过载时,热脱扣器的热元件发热使双金属片上弯曲,推动自由脱扣机构动作。当电路欠电压时,欠电压脱扣器的衔铁释放。也使自由脱扣机构动作。分励脱扣器则作为远距离控制用,在正常工作时,其线圈是断电的,在需要距离控制时,按下分断按钮,使线圈通电,衔铁带动自由脱扣机构动作,使主触点断开。原理如图 5-1-3 所示。

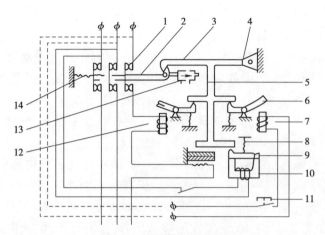

图 5-1-3　低压断路器原理图

1-主触点;2-锁键;3-搭钩(代表自由脱扣机构);4-转轴;5-杠杆;6-衔铁;7-分励脱扣器;8-弹簧;
9-衔铁;10-一次电压脱扣器;11-按钮;12-过电流脱扣器;13-电磁铁;14-复位弹簧

四、低压断路器的主要技术参数

1. 额定电压

1)额定工作电压

低压断路器的额定工作电压是指与通断能力及使用类别相关的电压值,对于交流多相电路则指电路的线电压。

2)额定绝缘电压

低压断路器的额定绝缘电压是指设计断路器的电压值,电气间隙和爬电距离应参照这些值而定。一般情况下,额定绝缘电压是断路器的最大额定工作电压。在任何情况下,最大额定工作电压不超过绝缘电压。

3)额定脉冲耐压值

额定脉冲耐压值数值应大于或等于系统中出现的最大过电压峰值。额定绝缘电压和额定脉冲耐压共同决定了开关电器的绝缘水平。

2. 额定电流

低压断路器额定电流一般情况下也指额定持续电流,也就是脱扣器能长期通过的电流。对带可调式脱扣器的断路器是可长期通过的最大电流。例如,DZ10-100/330 型低压断路器壳架额定电流为 100A。

3. 额定短路分断能力

低压断路器在规定条件下所能分断的最大短路电流值,即在规定的使用条件下,分断短路预期电流的能力。它又分为额定极限短路分断能力和额定运行短路分断能力。

4. 额定短路接通能力

在规定的工作电压、功率因数或时间常数下能够接通短路电流的能力,用最大预期电流峰值表示。

5. 额定短时耐受电流

低压断路器的额定短时耐受电流是指断路器处于闭合状态下,耐受一定持续时间的短路电流能力。额定短时耐受电流包括要经受短路电流峰值冲击的电动力作用以及一定时间的短路电流(周期分量有效值)的热作用。

五、低压断路器的选用原则

低压断路器的选用原则主要有以下几点:

(1)根据电气装置的要求,确定断路器的类型。

(2)根据对线路的保护要求,确定断路器的保护形式。

(3)低压断路器的额定电压和额定电流应大于或等于线路设备的正常工作电压和工作电流。

(4)低压断路器的极限通断能力大于或等于电路最大短路电流。

(5)欠电压脱扣器的额定电压等于线路的额定电压。

(6)过电流脱扣器的额定电流大于线路的最大负载电流。

六、低压断路器的运行维护

1. 万能式断路器的运行维护

1)运行中检查

(1)负荷电流是否符合断路器的额定值。

(2)过载的整定值与负载电流是否配合。

(3)连接线的接触处有无过热现象。

(4)灭弧栅有无破损和松动现象。

(5)灭弧栅内是否有因触点接触不良而发生放电响声。

(6)辅助触点有无烧蚀现象。

(7)信号指示与电路分、合状态是否相符。

(8)失压脱扣线圈有无过热现象和异常声音。

(9)磁铁上的短路环绝缘连杆有无损伤现象。

(10)传动机构中连杆部位开口销子和弹簧是否完好。

(11)电动机和电磁铁合闸机构是否处于正常状态。

2)使用维护事项

(1)在使用前应将电磁铁工作极面的防锈油抹净。

(2)机构的摩擦部分应定期涂以润滑油。

(3)断路器在分断短路电流后,应检查触点(必须将电源断开),并将断路器上的烟痕抹净,在检查触点时应注意:

①如果在触点接触面上有小的金属粒时,应用锉刀将其清除并保持触点原有形状不变。

②如果触点的厚度小于1mm(银钨合金的厚度),必须更换和进行调整,并保持压力符合要求。

③清理灭弧室两壁烟痕,如灭弧片烧坏严重,应予更换,甚至更换整个灭弧室。

④在触点检查及调整完毕后,应对断路器的其他部分进行检查。

(4)检查传动机构动作的灵活性。

(5)检查断路器的自由脱扣装置(传动机构与触点之间的联系装置),当自由脱扣机构扣上时,传动机构应带动触点系统一起动作,使触点闭合。当脱扣后,使传动机构与触点系统解脱联系。

(6)检查各种脱扣器装置,如过流脱扣器、欠压脱扣器和分励脱扣器等。

2. 塑壳式断路器的运行维护

1)运行中检查

(1)检查负荷电流是否符合断路器的额定值。

(2)信号指示与电路分、合状态是否相符。

(3)过载热元件的容量与过负荷额定值是否相符。

(4)连接线的接触处有无过热现象。

(5)操作手柄和绝缘外壳有无破损现象。

(6)内部有无放电响声。

(7)电动合闸机构润滑是否良好,机件有无破损情况。

2)使用维护事项

(1)断开断路器时,必须将手柄拉向"分"字处,闭合时将手柄推向"合"字处。跳闸后将自动脱扣的断路器重新闭合,应先将手柄拉向"分"字处,使断路器再脱扣,然后将手柄推向"合"字处,即断路器闭合。

(2)装在断路器中的电磁脱扣器,用于调整牵引杆与双金属片间距离的调节螺钉不得任意调整,以免影响脱扣器动作而发生事故。

(3)当断路器电磁脱扣器的整定电流与使用场所设备电流不相符时,应检验设备,重新调整后,断路器才能投入使用。

(4)断路器在正常情况下应定期维护,转动部分不灵活,可适当加滴润滑油。

(5)断路器断开短路电流后,应立即进行以下检查:

①上下触点是否良好,螺钉、螺母是否拧紧,绝缘部分是否清洁,发现有金属粒子残渣时应予清除干净。

②灭弧室的栅片间是否短路,若被金属粒子短路,应用锉刀将其清除,以免再次遇到短路时,影响断路器可靠分断。

③电磁脱扣器的衔铁,是否可靠地支撑在铁芯上,若衔铁滑出支点,应重新放入,并检查是否灵活。

④当开关螺钉松动,造成分合不灵活,应打开进行检查维护。

七、低压断路器的常见故障及处理方法

低压断路器的常见故障及处理方法具体如表 5-1-1 所示。

低压断路器的常见故障及处理方法　　　　　　　　　表 5-1-1

故 障 现 象	可 能 原 因	处 理 方 法
不能合闸	欠压脱扣器无电压或线圈损坏	检查施加电压或更换线圈
	储能弹簧变形	更换储能弹簧
	反作用弹簧力过大	重新调整
	操作机构不能复位再扣	调整再扣接触面至规定值
电流达到整定值,断路器不动作	热脱扣器双金属片损坏	更换双金属片
	电磁脱扣器的衔铁与铁芯距离太大或电磁线圈损坏	调整衔铁与铁芯的距离或更换断路器
	主触头熔焊	检查原因并更换主触头
启动电动机时断路器立即分断	电磁脱扣器瞬时整定值过小	调高整定值至规定值
	电磁脱扣器的某些零件损坏	更换脱扣器
断路器闭合后一定时间自行分断	热脱扣器整定值过小	调高整定值至规定值
断路器温升过高	触头压力过小	调整触头压力或更换弹簧
	触头表面过分磨损或接触不良	更换触头或修整接触面
	两个导电零件链接螺钉松动	重新拧紧

单元 5.2　低压成套开关柜

一、概述

低压成套开关柜主要有 GCS、GCK、MNS、GGD 及 XL-21 等开关柜,下面介绍这几类低压开关柜的基本应用及特点。

1. GGD2 交流低压开关柜

如图 5-2-1 所示,GGD2 型低压固定式成套开关设备适用于发电厂、变电站和工矿企业等电力用户作为交流 50Hz,额定工作电压 400V,额定电流至 3150A 的配电系统中作为动力、照明及配电设备的电能转换、分配与控制之用。该产品分断能力高、额定短时耐受电流达 50kA。具有线路方案灵活、组合方便、实用性强、结构新颖等特点。该产品是我国组装式、固定面板开关柜的代表产品之一。

2. GCK 型低压抽出式开关柜

如图 5-2-2 所示,GCK 型低压抽出式开关柜适用于三相交流 50Hz、60Hz,额定工作电压 660V,额定电流 4000A 及以下的三相四线制或三相五线制电力与系统,使用于发电厂、工矿企业、宾馆、建筑及港口等电力用户作为接收和分配电能之用。

图 5-2-1　GGD2 型低压固定式成套开关柜

图 5-2-2　GCK 型低压抽出式开关柜

3. MNS 型低压抽出式开关柜

如图 5-2-3 所示,MNS 型低压抽出式开关柜适用于发电厂、变电站、石油化工、冶金轧钢,轻工纺织等厂矿企业和住宅小区、高层建筑等场所,作为交流频率 50～60Hz,额定工作电压 660V 及以下的电力系统的配电设备的电能转换、分配及控制之用。

4. GCS 型低压抽出式开关柜

如图 5-2-4 所示,GCS 型低压抽出式开关柜已被电力用户广泛选用。装置适用于发电厂、石油、化工、冶金、纺织及高层建筑等行业的配电系统。在大型发电厂、石化系统等自动化程度高,要求与计算机接口的场所,作为三相交流频率为 50(60)Hz、额定工作电压为 380V(440V)、(660V),额定电流为 4000A 及以下的发、供电系统中的配电、电动机集中控制、无功功率补偿使用的低压成套配电装置。

图 5-2-3　MNS 型低压抽出式开关柜

图 5-2-4　GCS 型低压抽出式开关柜

图 5-2-5　XL-21 型低压封闭式动力柜

5. XL-21 型低压封闭式动力柜

如图 5-2-5 所示,XL-21 型低压封闭式动力柜,适用于发电及工矿企业交流电压 500V 及以下的三相三线、三相四线、三相五线制系统,作动力照明配电之用。XL-21 型低压动力柜,具有配电方案灵活、组合方便、实用性强、结构新颖等特点。

总体而言,抽出式柜较省地方,维护方便,出线回路多,但造价贵;而固定式的相对出线回路少,占地较多。

二、城市轨道交通供电系统低压成套开关柜

城市轨道交通供电系统变电站的低压系统的主接线采用的是单母线分段形式,低压成套开关柜包括进行开关柜两台(例如 401 柜、402 柜)、母线联络柜一台(例如 445 柜)、应急电源柜一套和几列抽屉式馈出开关组成的。

1.低压成套开关柜的结构

低压成套开关柜的结构外形图,例如 401 柜如图 5-2-6 所示,402 柜如图 5-2-7 所示,445 柜如图 5-2-8 所示,应急电源柜如图 5-2-9 所示。

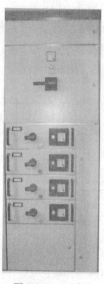

图 5-2-6 401 柜　　　　图 5-2-7 402 柜　　　　图 5-2-8 445 柜　　　　图 5-2-9 应急电源柜

2.低压成套开关柜的功能

低压成套开关柜用于 380V 配电电源的控制,为城轨辅助设施设备提供三相 380V 电源。低压成套开关柜为保证供电的安全,系统具备过流、短路等保护功能。

1)进线柜

该低压开关柜用作 380V 配电系统的进线柜,负责引入两路 380V 动力电源。柜内安装智能断路器及电流互感器,分别用作控制电源通断和保护。

2)出线柜

出线柜一般采用抽屉式结构,负责城轨的辅助设施设备供电。柜内安装有断路器、电流互感器、电压表、电流表、断路器位置指示灯等,抽屉可以抽出时可以提供明显断开点,保证负荷侧的作业安全,分别负责向各个辅助系统供电。

3)母联柜

母联柜是 3 号母线与 4 号母线的联络开关柜,当进线电源发生故障时,可以通过它由一路电源带两段母线的一级、二级负荷运行,以保证城轨系统运营安全。柜内安装智能断路器及电流互感器,分别用作控制电源通断和测量电流。

4）应急电源柜

应急电源柜，当其他两路电源都断电，提供电源。

3. 结构

从结构上可将其分为柜体、母线系统和功能单元三部分。母线系统采用三相五线制，水平母线装于柜顶，N 线、PE 线装于柜底。

三、典型地铁线路低压成套开关柜介绍

1. 400V 运行模式

400V 主接线为单母线分段接线方式。由两路独立电源分别为一段母线供电。正常运行时，两台变压器由两个 10kV 进线电源分别供电分列运行，当一台变压器退出运行时，母联断路器自动/手动/远动投入，由一台变压器承担全部负荷。主要给照明、动力等低压设备。其 400V 成套开关柜平面布置图如图 5-2-10 所示。

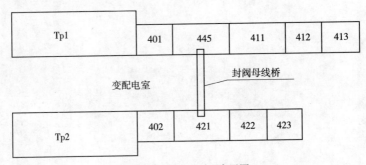

图 5-2-10　400V 平面布置图

整个车站低压负荷相对比较均匀地分配到低压 400V 的两段母线上，使得各段母线所带的负荷大致相当。两段母线均有一个有源滤波柜，用来为此段母线消除谐波。两段母线单独设置三级负荷总开关，以便于电源失电和变压器故障或检修时三级负荷的切除。其主电路方案如图 5-2-11 所示。

1QF:401　2QF:402　3QF:445

图 5-2-11　主电路方案图

2. 母联自投自复

在正常运行方式下，母联断路器（445）处于工作位分闸（热备）状态。当一路电源失压，在满足自投条件时，失压进线断路器自动分闸，然后母联断路器自动合闸，由另一路有压电

源为两段母线供电,这个过程是自投。

当失压电源恢复有压,在满足自复条件时,母联断路器自动分闸,然后恢复有压的进线断路器自动合闸,两路进线分别由各自电源供电,这个过程是自复。

母联自投自复功能的启用由母联开关柜面板上的控制开关实现。如图 5-2-12 所示,控制开关有"0"、自投投入和自投撤除 3 个位置。自投投入时,自投投入指示灯亮(白色指示灯),自投撤除时,自投撤除指示灯亮(白色指示灯)。

3. 三级负荷自动投切

400V 系统将三级负荷均匀分配在两段母线上,各设一个三级负荷总开关。如图 5-2-13 所示,任意一路电源失压时,可以选择切除三级负荷的方式,保证全站负荷不超过未失压电源的供电极限。

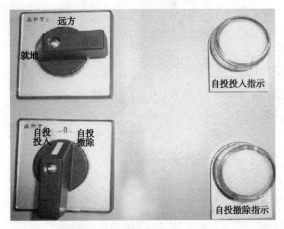

图 5-2-12   母联自投自复控制开关图

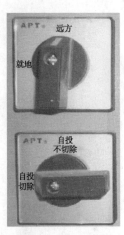

图 5-2-13   三级负荷控制开关图

任意一路电源失压后,在满足三级负荷切除条件时,三级负荷总开关自动分闸切除三级负荷。失压电源恢复电压后,在满足三级负荷投入条件时,三级负荷总开关自动合闸投入三级负荷。

三级负荷自动投切功能的启用由三级负荷总开关柜面板上的控制开关实现。控制开关只有在远方、自投状态才能启用。

4. 开关柜

此次介绍的 400V 开关柜柜型为固定式,开关可插拔。根据功能,主要分为进线、母联、馈线和有源滤波等几种柜型。

1)进线柜(401 柜、402 柜)

(1)进线柜控制配电变压器低压侧母线与 400V 母线之间的通断,并保护此段 400V 母线。变压器低压母线由侧上部进入进线柜,如图 5-2-14 所示。

每段开关柜依次排列,进线柜安装在第

图 5-2-14   变压器低压母线由侧上部进入进线柜

一面。一侧紧邻动力变压器外壳,方便变压器低压侧母线穿入进线柜,另一侧为母联柜(Ⅰ段母线)或有源滤波柜(Ⅱ段母线)。

(2)进线柜正、背面图如图 5-2-15 所示,前面板各部分名称如图 5-2-16 所示。

a)进线柜正面图   b)进线柜背面图

图 5-2-15　进线柜正、背面图

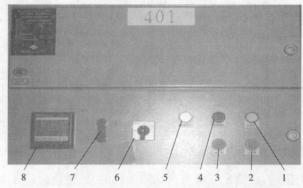

图 5-2-16　进线柜前面板图

1-分闸指示灯;2-分闸按钮;3-合闸按钮;4-合闸指示灯;5-电源指示灯;6-控制开关;7-压板;8-多功能表

(3)压板是控制 400V 与 10kV 联锁关系的联锁压板,如果把此压板退出,相当于解除了 400V 设备与 10kV 设备的联锁关系,所以此压板是一直投入的。

(4)断路器室(图 5-2-17)主要元件为断路器底座和断路器,断路器在后面部分具体介绍。底座内装有断路器移出机构,可将断路器移出开关柜进行检修。

图 5-2-17　断路器室结构图

（5）进线柜二次回路元件安装在低压室内，其低压室如图 5-2-18 所示。

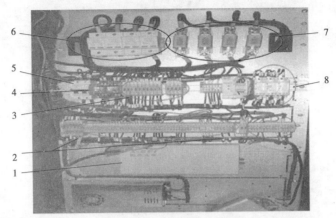

图 5-2-18　进线柜低压室图

1-光纤熔接盒;2-端子;3-熔断器；4-中间继电器;5-进线控制电源空开;6-避雷器;7-保险;8-低电压继电器

动力变压器的低压侧为 400V 系统的电源，动变低压侧母排直接通到 400V 进线柜中，且与进线断路器之间用母排连接。

2）母联柜（445 柜）

母联柜外观与进线柜大体相似，前面板上增加了母联自动投入和撤除控制开关，少了电源指示灯和压板，其正面图及前面板各部件名称如图 5-2-19 所示。

a)母联柜正面图

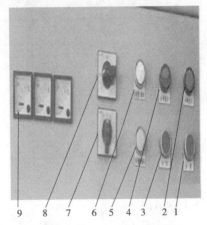

b)母联柜前面板图

图 5-2-19　母联柜

1-分闸按钮;2-分闸指示灯;3-合闸按钮;4-合闸指示灯;5-自投撤除指示灯;6-自投投入指示灯;7-自投投入撤除控制开关;8-远方就地控制开关;9-指针式电流表

母联柜的 PLC 装置和二次回路元件均安装在低压室内，如图 5-2-20 所示，主要元件为继电器和端子排。

3）有源滤波柜

有源滤波柜外观图及前面板各部分名称如图 5-2-21 所示，有源滤波装置和有源滤波开关如图 5-2-22 所示。

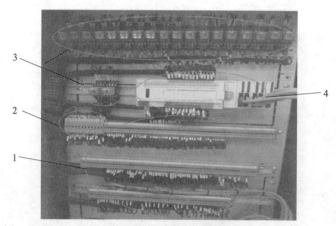

图 5-2-20　母联柜低压室图
1-端子；2-熔断器；3-中间继电器；4-PLC

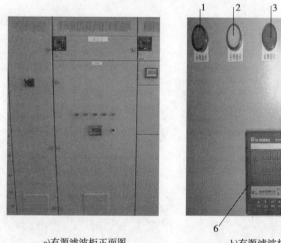

a)有源滤波柜正面图　　　　　b)有源滤波柜前板图

图 5-2-21　有源滤波柜

1-合闸指示灯；2-分闸指示灯；3-故障指示灯；4-运行指示灯；5-满载指示灯；6-多功能表；7-有源滤波运行/停止开关

图 5-2-22　有源滤波装置和有源滤波开关图

4) 馈出柜

馈出柜正面及背面如图 5-2-23 所示。

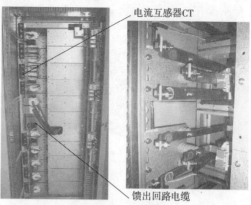

a) 馈出柜正面图　　　　　　　　　　　　　b) 馈出柜背面图

图 5-2-23　馈出柜

根据各个馈线柜功能不同,又可分为普通馈线柜、照明负荷柜和三级负荷开关等几种类型。

馈线柜为各类负荷供电,根据每面馈出柜的负荷容量不同,馈线柜会有 10 个或 11 个的馈出回路。其馈出回路如图 5-2-24 所示,每个馈出回路面板上包括开关手柄、指示灯、合分闸按钮(三级负荷)、表计(6DSUG 多功能表或者为指针式电流表,安装 6DSUG 多功能表的馈出回路,用于计量负荷用电量,多用在照明负荷回路中。安装指针式电流表的情况下,如馈出回路只有一个指针式电流表,说明柜后只有 B 相电缆穿过 CT,此电流表显示的电流值也是此馈出回路的 B 相电流值。如馈出回路有 3 个指针式电流表,说明柜后 A、B、C 三相电缆均穿过不同 CT,那么电流表显示的分别为馈出回路 A、B、C 三相电流值)。

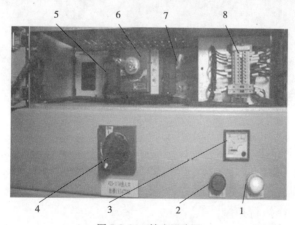

图 5-2-24　馈出回路图

1-停止指示灯;2-运行指示灯;3-指针式电流表;4-开关手柄;5-馈线进线;6-馈线开关;7-馈线出线;
8-馈出开关二次端子

每个馈出回路中包括塑壳开关、CT[CT 在馈线柜后,有的回路只有一个(B 相)CT,有的回路有 3 个(A、B、C 三相)CT]、二次线接线端子、控制回路保险及中间继电器(部分回路)。

正常情况下,分合闸操作手柄处于分闸或者合闸位置。如图5-2-25所示,馈线回路故障跳闸后,手柄将处于跳闸位置(TRIP),手动将手柄逆时针旋转到复归位置(RESET)后,才能进行正常分合闸操作。

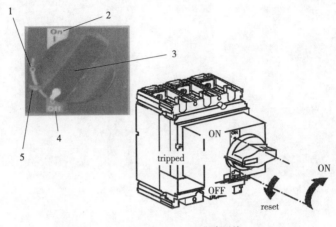

a)操作手柄   b)塑壳开关

图5-2-25 馈线柜操作示意图

1-跳闸指示;2-合闸指示;3-操作手柄;4-分闸指示;5-跳闸指示

由于在某些情况下需要将三级负荷切除(例如一路进线失压跳闸,另一路进线带全站负荷时),所以在主母排与各三级负荷馈出回路之间设立了三级负荷总开关。如图5-2-26所示,三级负荷的切除方式由面板上的控制开关进行选择。自动投切由母联柜的PLC完成。

图5-2-26 三级负荷总开关图

5.备自投说明

1)控制模式

"就地"是指就地的按钮控制,"远方"是指PLC控制、控制中心通过RS485/MODBUS总线与PLC实施信息交换执行控制。

"投"指的是投母联开关,"复"指的是复进线。

在就地与远方都处于"投入"状态时,启用"自投自复功能";当就地或远方任何一方处于"退出"状态时,禁止"自投自复功能"。

自投自复操作模式:自投自复功能投入,由PLC自动控制母联开关,进线开关、三级负荷开关合、分闸。

手投手复操作模式:自投自复功能退出,就地手动操作母联开关,进线开关、三级负荷开关合、分闸。

2)合、分闸条件

(1)进线。

分条件:无条件分闸;

合条件:母联或对侧进线断路器至少有一个处于分位,故障跳闸闭锁合闸。

(2)母联。

分条件:无条件分闸;

合条件:两进线断路器至少有一个处于分位,故障跳闸闭锁合闸。

(3)三级负荷总、冷水机组、广告照明、商业用电馈线开关。

分条件:无条件分闸;

合条件:故障跳闸闭锁合闸。

3)自投自复

初始状态:1#进线开关分闸,2#进线开关分闸,母联开关断开,低压两路进线电压都正常。

(1)自投(自动投入程序)。

前提条件:自投/自复功能投入,且自投功能未被闭锁时。

一路进线侧失压(三相均无压才判定失压,失压为从有到无的阶跃变化),且本断路器在合位,另一路进线侧有压且合闸的条件下,延时5s分该进线开关。确认该进线已分闸后,切除三级负荷(三级负荷总、冷水机组,广告照明,商业用电),延时0.5s合母联开关。

(2)自复(自动恢复程序)。

前提条件:自投/自复功能投入,且自复功能未被闭锁时。当1#进线来电(三相均有压才判定为来电,来电为从无到有的阶跃变化)时,如果母联开关处于合位且2#进线有压,延时3s分母联开关,延时0.5s合1#进线开关。

(3)三级负荷开关(三级负荷总、冷水机组,广告照明,商业用电)恢复程序。

当两路进线电压都正常且开关都合闸后,合三级负荷开关(三级负荷总、冷水机组,广告照明,商业用电)。

4)手投手复模式

前提条件:自投自复功能退出。

(1)手投。当1#(2#)进线掉电后:手动分1#(2#)进线开关→手动分三级负荷开关(三级负荷总、冷水机组,广告照明,商业用电)→手动合母联开关。

(2)手复。当1#(2#)进线电压恢复正常:手动分母联开关→手动合1#(2#)进线开关→手动合三级负荷开关(三级负荷总、冷水机组,广告照明,商业用电)。

6.框架式断路器

(1)断路器面板的介绍,如图5-2-27所示。

(2)断路器框架的介绍,如图5-2-28所示。

(3)断路器本体的介绍,如图5-2-29所示;断路器正、背面如图5-2-30所示。

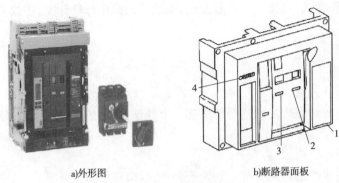

a)外形图　　　　　　　　　　　　b)断路器面板

图 5-2-27　框架式断路器

1-额定值面板;2-弹簧储能及准备合闸指示器;3-主触头位置指示器;4-脱扣器按钮,用于合闸复位

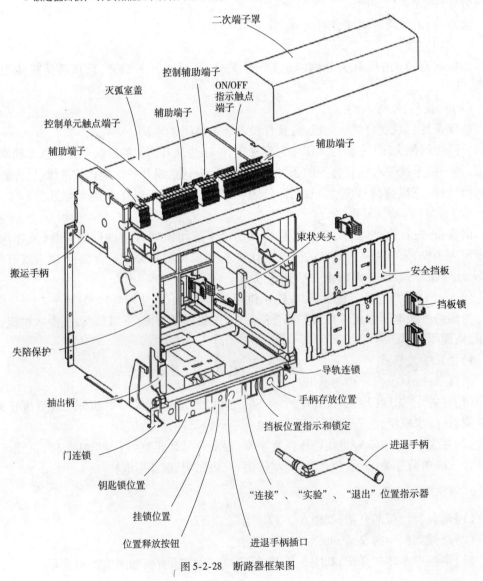

图 5-2-28　断路器框架图

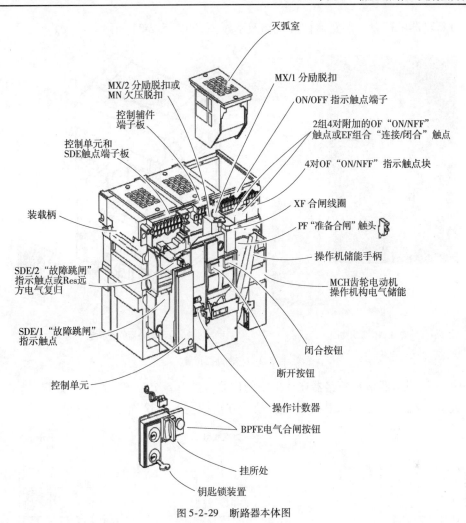

图 5-2-29 断路器本体图

a)断路器正面图

b)断路器背面图

图 5-2-30 断路器正、背面图

1-脱扣指示按钮(用于合闸前复位);2-断开按钮;3-闭合按钮;4-操作机构储能手柄;5-"弹簧储能"及"准备合闸"
指示器;6-主触头位置指示器;7-操作计数器(总的操作次数);8-控制单元

（4）断路器的位置。断路器位置实物及示意图，如图 5-2-31 所示。

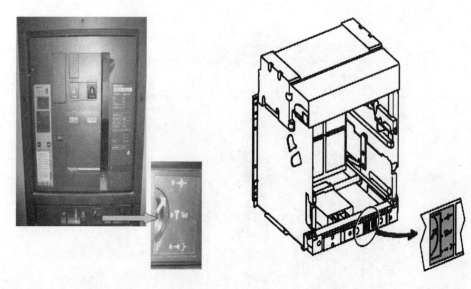

a)断路器位置实物图　　　　　　　　b)断路器位置示意图

图 5-2-31　断路器位置

面板上的指示器指示断路器在抽架中的位置。共有 3 个位置，分别是"连接"位置（最上方）、"试验"位置（中间）和"退出"位置（最下方），如图 5-2-32 所示。

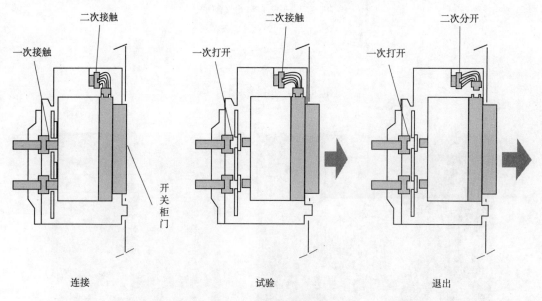

连接　　　　　　　　　　　试验　　　　　　　　　　退出

图 5-2-32　断路器位置图

①连接位置——主回路，二次回路连通，断路器带电运行。

②试验位置——主回路断开，二次回路连通，断路器可进行二次电气试验。

③退出位置——主回路，二次回路断开，断路器处于完全不带电情况。

（5）断路器保护原理。如图5-2-33所示，控制单元通过电流互感器测得相线及中性线电流，输入到控制单元，控制单元进行取样计算，和整定值进行比较，大于整定值后发出指令让断路器脱扣，切断故障。

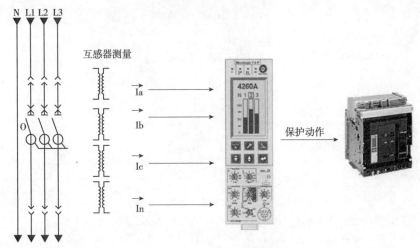

图5-2-33　断路器保护原理示意图

7. 塑壳式断路器

1）延伸旋转手柄塑壳式断路器（图5-2-34）

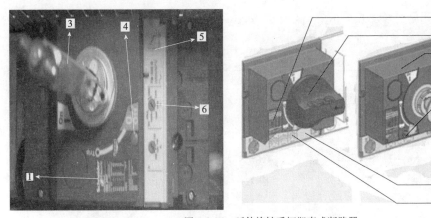

图5-2-34　延伸旋转手柄塑壳式断路器

1-铭牌；2-直接旋转手柄；3-延伸旋转手柄；4-脱扣测试按钮；5-脱扣单元；6-脱扣单元调节旋钮

2）电动操作机构塑壳式断路器（图5-2-35）及前面板指示器（图5-2-36）

8. 开关设备操作

（1）断路器操作。400V专用操作工具为断路器摇柄和柜门钥匙，如图5-2-37所示。

（2）控制和指示，如图5-2-38所示。

（3）手动储能。断路器操作机构内的弹簧必须储能以闭合主触头，弹簧可使用手柄手动储能。如图5-2-39所示，手动储能时，拉出手动储能压杆，向下压动压杆6次，听到"咔嚓"声，"charged"（已储能）指示出现，储能完成。

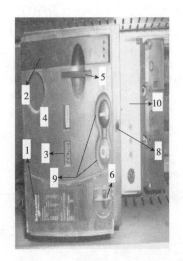
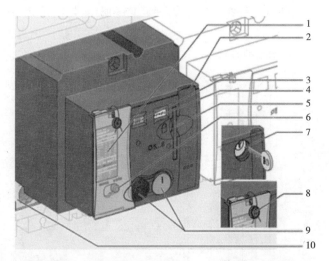

图 5-2-35　电动操作机构塑壳式断路器

1-铭牌;2-手动模式下的储能控制;3-主触点位置指示器;4-储能状态指示器(储能,未储能);5-O(OFF)位置挂锁锁定;6-手动/自动操作模式选择开关;7-O(OFF)位置钥匙锁(仅限于 NSX400/630);8-铅封附件;9-闭合(I)和断开(O)控制按钮;10-脱扣单元(前面的两个操作指示器显示了电动操作机构的位置和状态)

主触点位置指示器:

| ■ ON | ■ (ON)位置 |

| O OFF | O (OFF)或tripped 脱扣位置 |

储能状态指示器:

| charged | 电操机构已储能 |

| discharged | 电操机构未储能 |

图 5-2-36　前面板指示器图

图 5-2-37　400V 操作工具图

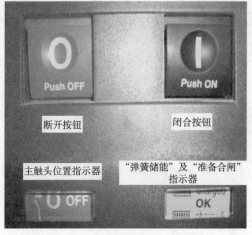

图 5-2-38　控制按钮和指示器实物图

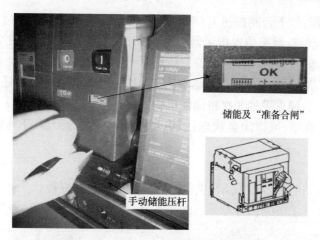

图 5-2-39 手动储能

（4）断路器摇进。断路器机械滑轨装置位于断路器最下方，如图 5-2-40 所示。

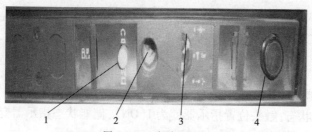

图 5-2-40 断路器摇进

1-位置释放按钮;2-进退手柄插口;3-"连接"、"试验"、"退出"位置指示器;4-手柄存放室

断路器摇进和摇出时均需使用手柄,断路器手柄存放于手柄存放室(断路器右下角)。改变位置时,需进行机械操作以确认位置状态,按下"位置释放按钮"。

取出摇柄,插入摇孔。使用解锁按钮解除位置机构锁定。顺时针摇手柄,将开关摇至测试位置,然后再至接通位置,将摇柄安装回原位。

（5）断路器抽出。取出摇柄,插入摇孔。使用解锁按钮解除位置机构锁定。逆时针摇手柄,将开关摇至测试位置,然后再至断开位置,将摇柄安装回原位。

9.电动操作机构塑壳式断路器操作

1）手动操作

手动操作流程如图 5-2-41 所示,先将选择开关拨到手动位置。

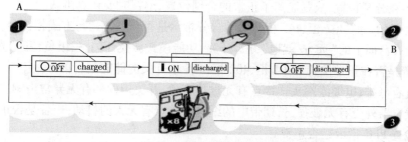

图 5-2-41 手动操作流程图

（1）闭合断路器：按下合闸按钮 I(ON)。

A 断路器闭合状态：触头位置指示器变为 I(ON)，储能状态指示器变为未储能。

（2）断开断路器：按下分闸按钮 O。

B 断路器断开状态：触头位置指示器变为 O(OFF)，储能状态指示器仍为未储能。

（3）复位断路器：操作手柄 8 次将储能机构复位。

C 断路器准备就绪，可以闭合状态：触头位置指示器变为 O(OFF)，储能状态指示器为储能。

2）自动操作

自动操作流程如图 5-2-42 所示，先将选择开关拨到自动位置。

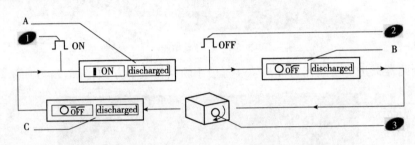

图 5-2-42　自动操作流程图

（1）闭合断路器：发送合闸指令(ON)。

A 断路器闭合状态：触头位置指示器变为 I(ON)，储能状态指示器变为未储能。

（2）断开断路器：发送分闸指令(OFF)。

B 断路器断开状态：触头位置指示器变为 O(OFF)，储能状态指示器仍为未储能。

（3）复位断路器：

①自动复位。

②通过按钮远程复位。

③操作储能手柄手动复位。

C 断路器准备就绪，可以闭合状态：触头位置指示器变为 O(OFF)，储能状态指示器为储能。

10.400V 开关柜日常巡视内容

（1）检查 400V 母线电压，检查各个开关的电流是否在正常范围内。

（2）检查各个开关分合闸位置是否正确，各馈线开关有无跳闸。（馈线开关跳闸后，操作手把并不在分断位置，只是脱离了正常的合闸位置，巡视时要认真辨认。）

（3）检查 401 柜、402 柜、445 柜开关的合分指示是否与系统运行方式相符合。

（4）检查盘面上的"远方/就地"方式开关、功能模式转换开关、三级负荷的"远方/就地"方式开关等是否在正常位置。401 柜、402 柜、445 柜开关的储能是否正常。

（5）查看母排、电缆终端头连接点有无过热变色，开关柜内部有无异常声响。

（6）继电器外壳有无破损，长期带电的继电器接点有无大的抖动，声音是否正常。

（7）检查 PLC 指示是否正常。

四、城市轨道交通供电系统低压开关设备的操作程序

开关设备设计有保证各部分操作程序正常的连锁装置,但操作人员对设备的操作仍需严格按照操作规程及本说明书进行,不应随意操作,更不能在操作受阻时不加分析强行操作,否则,容易造成设备损坏,甚至引起事故。开关设备上电后,将操作面板上的"远方/就地控制旋钮"旋转至"本地"位,按下"合闸控制"按钮,断路器将合闸,合闸指示灯亮;此时储能电机运转,储能完毕后储能指示灯亮;按下"分闸控制"按钮,断路器将分闸,分闸指示灯亮。在母线带电的情况下,带电指示灯会常亮。若将"远方/就地"控制旋钮旋转至"远方"位,断路器分合闸控制将由远端计算机接管,本地控制无效。

五、低压开关设备的维护和保养

设备/元件的检查和维护周期,取决于其运行时间的长短、操作频繁程度和故障开断情况等。根据运行条件和现场环境,每3~5年对开关设备进行一次检查和保养。

(1)按断路器使用说明书的要求,检查断路器和操作机构的工作情况,并进行必要的调整和润滑。

(2)检查手车进车、出车全过程的情况,必要时进行调整和润滑。

(3)检查联锁装置是否灵活可靠,必要时进行调整和润滑。

(4)检查动、静隔离触头表面有无损伤,插入深度是否符合要求,弹簧压力有无减弱,表面镀层有无异常氧化现象。

(5)检查母线和各导线连接部位的接触情况并紧固连接,发现表面有发热现象要进行处理。

(6)检查接地回路各部分情况,如接地触头、主接地线及过门接地线的接触情况,保证其导电的连续性。

(7)用软布擦拭真空灭弧室和绝缘件表面的灰尘,如因凝露致使出现局部放电现象,可以在放电处表面涂一层薄的硅脂作为临时修补。

复习与思考题

1. 简述低压断路器的原理。
2. 低压断路器的作用有哪些?
3. 塑壳式断路器的运行维护有哪些项目?
4. 万能式断路器的运行维护有哪些项目?
5. 简述低压成套开关柜的分类及其各自的特点。
6. 城市轨道交通供电系统低压成套开关柜的功能有哪些?
7. 怎样进行低压开关设备的维护和保养?
8. 低压断路器常见的故障有哪些?
9. 低压断路器常见故障的处理方法有哪些?

单元6 牵引整流机组

[课题导入]

在城市轨道交通供电系统中,牵引整流机组的主要作用是把从供电局引入的10kV电源变成直流750V或者1 500V的牵引电源,通过直流配电装置输送至三轨,牵引变压器和普通的变压器相比,对其可靠性要求更高,而且为了出现24脉波,牵引变压器的绕组也不同于普通的配电变压器。

[学习知识目标]

1. 了解牵引变压器的结构。

2. 了解牵引变压器的铭牌。

3. 理解变压器24脉波的形成。

4. 掌握24脉波牵引变压器的接线图和相量图。

5. 掌握整流器的工作原理。

6. 掌握牵引整流机组技术参数的计算公式。

[学习能力目标]

1. 根据计算公式会计算整流机组的技术参数。

2. 根据铭牌举例会识别其他类型的干式变压器的型号及含义。

3. 会画出24脉波牵引变压器的原理接线图和相量图。

[建议学时]

6学时。

单元6.1 概　　述

牵引整流机组是由牵引变压器和整流柜组成的,并在牵引变压器的一次侧和整流柜的直流侧分别设有断路器,以便于整流机组的投切和设置保护装置。

牵引变压器的作用是根据直流系统电压的要求,将交流电网电压转变为适当的电压,供给整流柜。整流柜是一种直流侧电压不可调(需要调节时可调牵引变压器分接头)的大功率整流器,整流柜的作用是将交流电转变成为直流电。

单元6.2 牵引变压器

在城市轨道交通供电系统中,牵引变压器一般在地下室内安装,所以用干式变压器,干式变压器分类有很多种方法,如按型号分,有 SC(环氧树脂浇注包封式)、SCR(非环氧树脂浇注固体绝缘包封式)、SG(敞开式);也可按绝缘等级分,有 B 级、F 级、H 级和 C 级,国外有些国家在 H 级和 C 级之间还有一个 N 级。

一、牵引变压器的主要结构

牵引变压器(图 6-2-1)由电路、磁路和附件三部分组成。电路主要由一次绕组和二次绕组组成;磁路主要由三柱式铁芯及夹持部件组成;附件主要由温控器、铭牌和外罩等组成。

图 6-2-1　牵引变压器

1.电路

电路部分由一次绕组、二次绕组组成,一次绕组采用双玻璃丝缠包无氧铜导线,玻璃纤维增强,环氧树脂浇注,视容量和温升大小设置轴向气道,绕组首末抽头及分接抽头采用铜螺母预埋结构,在高压面板处引出,首尾抽头位于绕组的两端,通过连接线可实现 Y 或 D 连接,分接抽头一般位于绕组中部,采用连接片与各个分接头连接,以实现调整电压的目的。正常情况下,分接位置在出厂时已经调整到额定挡。二次绕组采用铜箔或铜导线绕制,设置轴向气道,能有效散发内部热量。

2.磁路部分

铁芯采用冷轧硅钢片,表面涂漆,机械强度高,铁芯整体以低磁钢板夹件与穿芯螺栓紧固,夹件绝缘及底板绝缘以绝缘板和硅胶板衬垫,夹件与绕组间由弹性件可靠压紧。铁芯接地位于高压桶间,下轭铁处。

3.附件

(1)温度控制器:温度控制器利用插入变压器三相绕组测温孔的 3 只铂电阻来测量变压

器的绕组温度,并进行数字显示,可随时了解变压器运行的温度参数,根据设定温度点实现自动报警、跳闸等功能。

(2)风机:根据变压器运行情况,自动启停风机。

(3)外罩:根据防护等级要求与安装地点,采用相应防护等级。

二、12 脉波牵引变压器

在电子电路中三相全波整流电路,当交流侧输入电压为三相交流电压时,经整流后能获得 6 个脉波,如果在三相三绕组变压器 D、y_1、d_0 连接组别或者 D、y_{11}、d_0 连接组别的变压器的一次侧输入三相交流电,二次侧星形连接和三角形连接的两个绕组的输出的交流相差 30°,相差 30° 的两路交流经过整流后叠加可以得到 12 脉波。

三、24 脉波牵引变压器

正弦交流电压一个周期为 $2\pi = 360°$,在前面已经说明,两个次边绕组只能提供一个 12 脉波。在一个周期里要获得 24 脉波则每个脉波之间差 15°($360°/24 = 15°$)。两台连接组别相同的牵引变压器并列运行,经整流输出后仍是一组 12 脉波,因为两组电压波形完全重叠。为进一步减少电压的波动,二次有两个不同连接组别的绕组,一次绕组为采用延边三角形接法,将一台牵引变压器一次绕组线电压移相 +7.5°,如图 6-2-2a)所示,另一台牵引变压器一次绕组移相 −7.5°,如图 6-2-2a)所示,随着一次绕组电压的偏移,二次绕组输出电压也会发生相同角度的偏移,再将两台牵引变压器并联输出,即:将两个分别移相 ±7.5° 后的 12 脉波电压叠置,就可获得每脉波相差 15° 的 24 脉波输出电压。由此构成 24 脉波的直流输出电压。在不用加任何滤波电路的情况下,24 脉波电压即可满足直流牵引供电的要求,又能减少投资和运行维护的费用。

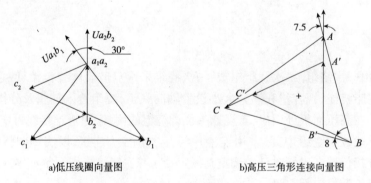

a)低压线圈向量图　　　　　　　b)高压三角形连接向量图

图 6-2-2　线圈向量图

等效 24 脉波整流变压器是采用直接增加整流脉波数的方法,使一个周期内的直流脉波更加平稳。

当两台变压器,一个连接组别为 Dd_0,另一个连接组别为 Dy_{11},其向量图如图 6-2-2 所示。如图 6-2-2a)所示,二次阀侧 a_1 和 a_2、b_1 和 b_2、c_1 和 c_2 均相位差 30° 电角度,若上述两台变压器阀侧各带一组三相桥式整流器,如图 6-2-3 所示运行,则在一个周期内得到 12 个均匀分布的脉波,每个脉波占 30° 电角度,这样就构成了 12 脉波整流。

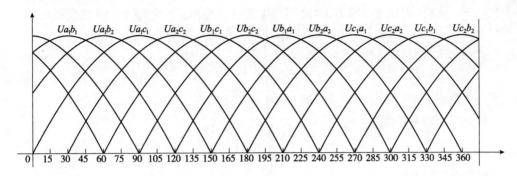

图 6-2-3 12 脉波整流图

24 脉波的形成,是两个 12 脉波形交叠而成的,即两台变压器并联运行,如图 6-2-4 所示,其中一台变压器形成的波形整体超前 7.5°,另一台变压器形成的波形整体滞后 7.5°,通过波形交叠和桥式整流电路后,形成 24 脉波形图,如图 6-2-5 所示。

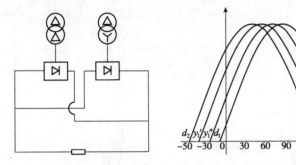

图6-2-4 两台变压器阀侧各带
一组三相桥式整流器

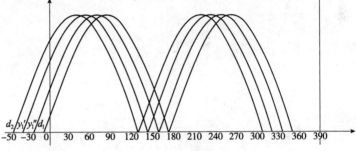

图 6-2-5 24 脉波形图

1. 移相 +7.5°的延边三角形接线

如图 6-2-6a)所示,一次绕组由 N_1、N_2 两部分组成,按照延边三角形移相 +7.5°原理接线,其中绕组 N_2 为移相绕组。

此接线方式是在 D、y_{11}、d_0 连接组别的基础上,每一相增加了一个移相绕组(N_2),而构成。三相绕组 N_1 组成三角形(A'、B'、C'接成三角形)接线,与两个二次绕组的相量关系与 D、y_{11}、d_0 连接组别相同。增加移相绕组 N_2 后,使一次线电压发生了偏移,下面对线电压偏移原理进行说明。

符号说明:

A 相绕组——$\dot{U}_{AX}$ 从 A 点到 X 点的电压;$\dot{U}_{AA'}$ 从 A 点到 A'点的电压;$\dot{U}_{A'X}$ 从 A'点到 X 点的电压;

B 相绕组——$\dot{U}_{BY}$ 从 B 点到 Y 点的电压;$\dot{U}_{BB'}$ 从 B 点到 B'点的电压;$\dot{U}_{B'Y}$ 从 B'点到 Y 点的电压;

C 相绕组——$\dot{U}_{CZ}$ 从 C 点到 Z 点的电压;$\dot{U}_{CC'}$ 从 C 点到 C'点的电压;$\dot{U}_{C'Z}$ 从 C'点到 Z 点的电压;

$\dot{U}_{\text{A'B'}}$——移相(未加 N_2)前的 AB 之间线电压;$\dot{U}_{\text{AB}}$ 移相(加 N_2)后的 AB 之间线电压。

(1)如图 6-2-6b)所示,一次绕组在未接 N_2 前,相电压等于线电压,即

$$\dot{U}_{\text{A'X}} = \dot{U}_{\text{A'B'}}$$

当一次绕组加上移相绕组 N_2 后,相电压不再等于线电压,$\dot{U}_{\text{AX}} \neq \dot{U}_{\text{AB}}$,此时:

A 相绕组总相电压为:

$$\dot{U}_{\text{AX}} = \dot{U}_{\text{AA'}} + \dot{U}_{\text{A'X}}$$

B 相绕组总相电压为:

$$\dot{U}_{\text{BY}} = \dot{U}_{\text{BB'}} + \dot{U}_{\text{B'Y}}$$

C 相绕组总相电压为:

$$\dot{U}_{\text{CZ}} = \dot{U}_{\text{CC'}} + \dot{U}_{\text{C'Z}}$$

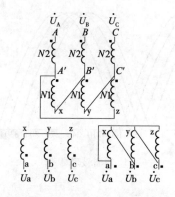

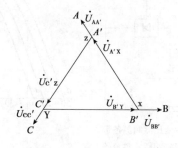

a)变压器延边三角形移相+7.5 原理接线   b)一次绕组相电压相量图

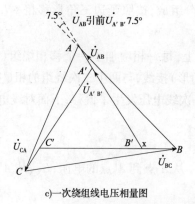

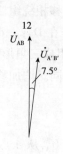

c)一次绕组线电压相量图   d)$\dot{U}_{\text{AB}}$ 引前 $\dot{U}_{\text{A' B'}}$ 7.5°

图 6-2-6   牵引变压器延边三角形移相 +7.5°原理接线及相量图

(2)如图 6-2-6c)所示,AB 之间线电压:$\dot{U}_{\text{AB}} = \dot{U}_{\text{AX}} - \dot{U}_{\text{BB'}}$ 从 A 点到 B 的连线,箭头指向 A;

BC 之间线电压:$\dot{U}_{\text{BC}} = \dot{U}_{\text{BY}} - \dot{U}_{\text{CC'}}$ 从 B 点到 C 点的连线,箭头指向 B;

CA 之间线电压：$\dot{U}_{CA} = \dot{U}_{CZ} - \dot{U}_{AA'}$，从 C 点到 A 点的连线，箭头指向 C；

从图 6-2-2(c)中 $\dot{U}_{AB}$、$\dot{U}_{A'B'}$ 的延长线上可见，$\dot{U}_{AB}$ 引前 $\dot{U}_{A'B'}$ 7.5°。

（3）如图 6-2-6d)所示，由于移相后的线电压 $\dot{U}_{AB}$ 引前 N_1 绕组电压 $\dot{U}_{A'B'}$ 一个角度，选择合适的移相绕组 N_2 的匝数，就可使 $\dot{U}_{AB}$ 偏移 +7.5°。由此使得二次绕组的所有相量都随之偏移 +7.5°，即：整流后的 12 脉波也随之偏移 +7.5°。

2. 移相 −7.5°的延边三角形接线

移相 −7.5°的延边三角形接线，如图 6-2-7a)所示。

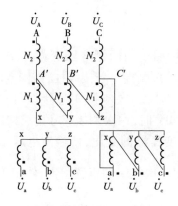

a)变压器延边三角形移相−7.5 原理接线

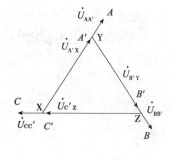

b)一次绕组相电压相量图

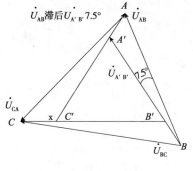

c)一次绕组线电压相量图

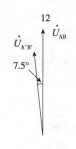

d)$\dot{U}_{AB}$ 引前 $\dot{U}_{A'B'}$ 7.5°

图 6-2-7　牵引变压器延边三角形移相 −7.5°原理接线及相量图

此接线方式是在 D、y_1、d_0 连接组别的基础上，每一相增加了一个移相绕组（N_2）而构成。

N_1 组成的三角形接线，与两个二次绕组的相量关系与 D、y_1、d_0 连接组别相同。同理增加移相绕组 N_2 后，一次线电压发生了 −7.5°的偏移，二次绕组各电压相量也随之偏移 −7.5。

将一次绕组电压偏移 +7.5°的牵引变压器与偏移 −7.5°的牵引变压器，在一个电网上并列运行，它们的一次线电压相位就会相差 15°。二次绕组各电压相量也随之偏移，从而得到一组互差 15°的 24 脉波直流电压。

另外，从减少网侧谐波电流的影响这一角度考虑，我国用于轨道交通的牵引整流变压器的 24 脉波整流电路已逐步替代 12 脉波整流电路成为主流,24 脉波整流比 12 脉波整流具有谐波含量低的明显优势,如表 6-2-1 所示。

12 脉波和 24 脉波整流谐波含量典型值　　　　　　　　表 6-2-1

	谐波次数 n(相对于基波电流 I_1 的标幺值)							
	5	7	11	13	17	19	23	25
12 脉波	0.026	0.016	0.045	0.029	0.002	0.001	0.009	0.008
24 脉波	0.026	0.016	0.007	0.004	0.002	0.001	0.009	0.008

四、牵引变压器铭牌

变压器的铭牌如图 6-2-8 所示,在铭牌中,标明了当网侧电压变化时,牵引变压器一次不同接线柱的情况。网侧电压为 10750V 时,一次侧接 1 号接线柱;网侧电压为 10500V 时,一次侧接 2 号接线柱;网侧电压为 10000V 时,一次侧接 3 号接线柱;网侧电压为 9500V 时,一次侧接 4 号接线柱;网侧电压为 9250V 时,一次侧接 5 号接线柱。即"高往高调,低往低调",通过改变一次绕组的匝数,改变变压器的变比,使输出电压始终为 610V。

因为 $U_{2相} = \approx \dfrac{U_{1相}}{K} = \dfrac{U_{1相} N_2}{N_1}$,当网侧电压变高时,使一次绕组的匝数增大,使变压器的变比变大,从而维持副边电压不变。

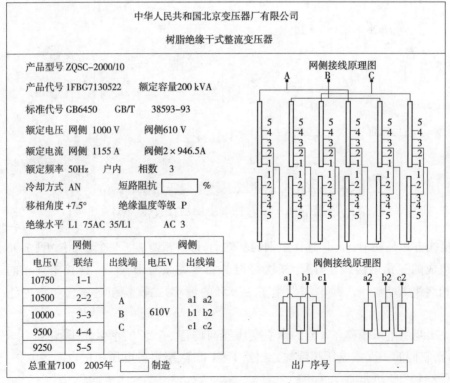

图 6-2-8　变压器铭牌

变压器技术数据(75°时测量数据):

负载损耗:9750W

短路阻抗:6.812%

空载损耗:3526W

空载电流:0.261%

总损耗:13276

高压每相电阻:20°时,主绕组0.63039Ω,移相绕组0.10990Ω

Y接法低压每相电阻:20°时,0.0004146Ω

D接法低压每相电阻:20°时,0.0013335Ω

质量:7100kg

高压试验标准:外施高压:50Hz　1min

　　　　　　　高压方面:35kV

　　　　　　　低压方面:3kV

　　　　　　　感应高压:200% U_N　100Hz　1min

五、常用牵引变压器介绍

以北京地铁为例,选用的是 ZQSC-2000/10.5 和 ZQSC-1600/10.5 两种整流牵引用变压器,均为双绕组双分裂形式,网侧线圈采取延边三角形连接,阀侧线圈为一角一星,2台双绕组双分裂变压器与2组整流柜组成等效24脉波整流,变压器的短路阻抗为6.5%,网侧两组高压线圈用树脂浇注在一起,在外部并联,连接组别 Dd_0Dy_{11}。

高压网侧线圈由主线圈和移相线圈组成,风道内侧为移相线圈,外侧为主线圈。主线圈抽头、出头均在低压阀侧出线面,移相线圈出头及分接在高压网侧进线面。

一台变压器的所有分接在变压器运行前应检查是否在同一位置,如不是,必须进行调整,否则可能影响移相角的准确性,从而影响整流后直流波形的质量。

六、关于变压器运行及维护方面的注意事项

(1)在变压器投入运行前应清扫,擦拭各个部位,检查所有紧固件是否紧固,高低压线圈间及线圈风道内有无异物,使用 2500V 的兆欧表测量变压器铁芯拆除接地片后的绝缘电阻及线圈对地绝缘电阻。铁芯拆除接地片后的绝缘电阻应不小于5MΩ;10kV 级线圈绝缘电阻不小于 300MΩ。温控仪传感器件(Pt100)在变压器进行工频耐压试验前一定从线圈拿出。

(2)干式变压器在运行一段时间后,应停电进行以下必要的检查和保养:

①检查线圈、铁芯、封线、分接端子及各部位的紧固件,查看有无损伤、变形、变色、松动、过热痕迹及腐蚀等现象产生,若有不正常的情况,应查明原因,采取必要的政策。

②清除变压器上的灰尘。凡手能触及的部位都应用干布擦拭,但不得使用挥发性的清洁剂。铁芯、线圈内部难以擦拭到的部位用吹风机将灰尘吹净。压缩空气的流动方向与变压器运行时冷却空气的流动方向相反。

③检查、保养完毕,变压器再次投入运行前,认真检查有无金属或非金属异物掉落,遗留在线圈、铁芯内及绝缘件上,还应进行绝缘电阻测试。

④变压器的温控器在出现误报警、误跳闸的情况时,运行人员应参考温控器使用说明书检查报警和跳闸的设定温度是否正确。若设置温度正确,则立即进行处理。

七、变压器柜体电气联锁装置

变压器柜体电气联锁装置,电源回路、电磁锁回路、开门报警回路如图6-2-9a)所示,合闸连锁回路、开门跳闸回路、备用回路如图6-2-9b)所示。

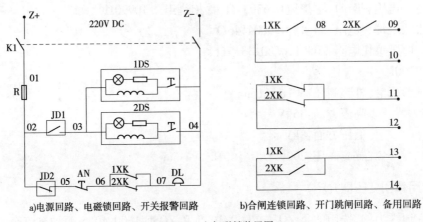

a)电源回路、电磁锁回路、开关报警回路 b)合闸连锁回路、开门跳闸回路、备用回路

图6-2-9 电气联锁装置图

单元6.3   牵引整流器

一、整流器的作用

如果是使用交流电,需要经过主变压器降压后经过整流器整流为直流电,对于直流机车来说,这样的直流电就可以提供给牵引直流电机,牵引电机就此工作,驱动机车前进。

二、牵引整流器的技术要求

1. 由于牵引供电属于一级负荷,要求整流器具有很高的可靠度

具体表现在:

(1)针对硅整流管过电流时易造成PN结过热击穿的弱点,在设计计算整流柜额定直流输出能力的时候要留有充分的裕度,以适应地铁牵引网负荷变化大、频繁短路的特点。

(2)针对硅整流管易因反向过电压高而击穿的弱点。在选用硅整流管时,在反向工作电压方面留有充分的裕度,同时配置完善的保护措施。

(3)由于牵引网的系统电压允许在较宽的范围内变动,所以对整流器输出的直流电压值要求不很精确。

2. 对整流器一般要求

1)环境条件

最高气温:45℃。

最高日平均气温:35℃。

最高年平均气温:30℃。

最低气温:-5℃。

空气最大相对湿度:25℃时,不超过90%。

2)整流方式

三相桥式整流。

3)整流器的距离要求

输出端标示电压为750V时,交直流主支路母线间,直流正、负主支路母线间空气绝缘距离不小于50mm,对地空气绝缘或其他介质绝缘距离不小于50mm。

4)冷却方式

强迫风冷或空气自然冷却。

5)效率

在额定负载运行条件下,不低于98.5%。

6)抑制噪声水平

在额定负载运行条件下,整机器噪声不超过75分贝。

7)负载条件

Ⅵ级、重牵引。

100%额定直流电流连续。

150%额定直流电流2h。

300%额定直流电流1min。

8)电压

电压应符合表6-3-1的规定。

电压值规定(单位:V)　　　　　　　　　　　　　　　　表6-3-1

最　低　值	标　称　值	最　高　值
500	750	900
1000	1500	1800

9)回路保护

(1)每支桥臂宜采用多只硅管并联,不宜串联。

(2)每只硅管设过电流保护、过电压保护。

(3)单只硅管故障发信号,不影响整流器100%额定直流电流连续运行。

(4)不同桥臂的两只硅管故障发信号,不影响整流器100%额定直流电流连续运行。

(5)同一桥臂的两只硅元件故障时,牵引变压器一次侧断路器分闸。

(6)在直流输出端发生短路时,交流(或直流)开关应正确动作,而整流装置各部分应无损坏,与各整流元件串联作为内部短路故障保护的快速熔断器应不熔断。

(7)硅管宜采用大功率管。

10)二次回路

(1)二次回路采用直流220V电源。

(2)整流器正面板应装有电流表、电压表显示主回路电流、电压。

（3）每个硅管工作状态应有显示。

11）使用寿命

正常连续使用不少于 20 年。

三、整流柜工作原理及整流电路

（1）整流原理：利用二极管的单向导电的特点，把交流电转变为直流电。

（2）整流电路：三相桥式整流电路，如图 6-3-1 所示。

（3）主回路构成。

如图 6-3-2 所示，单台整流器由两个三相桥式整流电路并联组成 12 脉波整流。

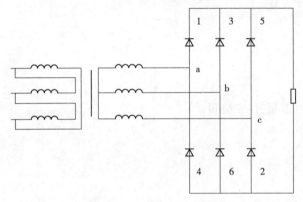

图 6-3-1　三相桥式整流电路

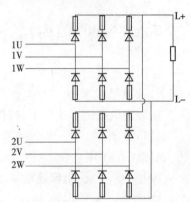

图 6-3-2　整流器（单台）主回路示意图

其中一个整流桥接至整流变压器二次侧 y 型绕组，另一个整流桥接至整流变压器二次侧 Δ 型绕组。在每座牵引变电站同一段母线上两台整流器并联运行构成等效 24 脉波整流。

四、主要元器件介绍

整流器为 KS 电器设备，柜式结构，前后均有可开闭的门，左右侧有可拆卸的封闭板以便安装与检修。整流器左侧前门上设有仪表板，该板上装有交流电压表、直流电压表、直流电流表，用以显示主回路交流电压、直流电压、直流电流，并装有用以显示故障元件相对位置及主回路、控制回路通、断的信号灯及控制回路电源开关和音响释放旋钮，如图 6-3-3、图 6-3-4 所示。

图 6-3-3　整流柜

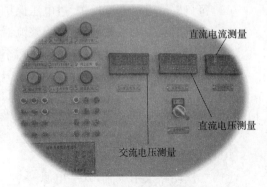

图 6-3-4　电流、电压测量显示

1. 整流二极管

以北京地铁为例,牵引用整流器属于重牵引,整流机组负载等级Ⅵ级,整流器选用ZP2000-32 平板式整流二极管,如图6-3-5 所示。

二极管配置数量:

每臂二极管串联数:1 个

每臂二极管并联数:2 个

每个三相桥二极管总数: 12 个

每台整流器二极管总数: 24 个

每个桥臂采用2 支整流二极管并联。

并联的2 支元件选用正向伏安特性相近似的整流管,使每桥臂均流系数均达到95% 以上。

图6-3-5 整流二极管实物图

2. 快速熔断器

每支硅元件串有1 只RS 系列快速熔断器,当整流管反向击穿,造成变压器二次短路时,快速熔断器熔断,切断故障支路,防止事故扩大。快速熔断器带有辅助开关。当熔丝熔断后,熔断器的辅助开关动作,同时发出故障信号,并且熔断器上具有明显的标记,使工作人员能在现场容易发现。

3. 热管型散热器

整流二极管配用SRZ 系列热管型散热器,由于该散热器具有高导热性和很好的等温性,因而它能传递很大的热流,使散热片的面积得以充分的利用,具有更低的热阻。

五、整流柜设置的保护功能

1. 短路保护

每个整流二极管串联一个快速熔断器,当整流管反向击穿,造成变压器二次短路时,由二极管熔丝熔断来保护。快速熔断器带有辅助开关,熔断后能给出信号用于报警或跳闸,切断故障支路,防止事故扩大。当一个臂内只有一个熔丝熔断时,发出报警信号,同臂两个熔丝熔断时发出跳闸信号。

2. 换相过电压保护

在二极管两端并联由电阻和电容组成的换相过电压保护系统,抑制元件换相过程中产生的过电压。

3. 交流侧过电压保护

交流侧设有由电容器组成的静电过电压保护装置和压敏电阻组成操作过电压保护装置,抑制由静电感应和因分合闸引起的过电压。

4. 直流侧过电压保护

在直流侧加装RC 过电压抑制回路和放电回路,防止直流快速开关或断路器开合时产生操作过电压损坏二极管,并在整流器输出端并联一个压敏电阻,抑制残余的过电压。

5. 温度保护

在整流器预测温度最高的元件散热器上设置温度传感器 PT100 铂热电阻,用于监视元件散热器的温度,并可发出报警信号。(具体温度值 70℃ 报警、90℃ 跳闸。)

六、整流器柜门与交流侧断路器(及直流开关)的联锁关系

(1)整流器柜门均闭合后,交流侧断路器(及直流开关)才能合闸。

(2)10kV 侧断路器(或直流开关)合闸后,整流器柜门不能打开。

(3)10kV 侧断路器(或直流开关)合闸后,电磁锁不能操作。

(4)电磁锁的具体使用方法,请详细参考电磁锁的使用说明书。如图 6-3-6 所示为电磁锁实物图,使用电磁锁时注意:只有在非常情况下,才能使用电磁锁钥匙。在不通电、无钥匙的情况下,禁止强行拧动电磁锁的扳手。

图 6-3-6　电磁锁

七、检查维护注意事项及要求

(1)整流器应保持清洁,每季度清除整流管外壳、散热器和绝缘子上的积尘。

(2)当整流器故障时,操作人员应排除故障后才能投入运行,否则将扩大故障范围造成更大损失。

(3)更换快速熔断器之前,将快速熔断器的微动开关拔出,快速熔断器更换后将微动开关装在快速熔断器上。

(4)更换整流管时,应按随机提供的元件参数选配,用清洁的布清洁散热器的支承面和整流管的接触面,用硅脂均匀涂在整流管的接触面上,将整流管接触面上的中心定位孔对准散热器上的定位销;将整流管做旋转运动,以均匀硅脂,元件组装压力应保证 35～45kN,并注意元件的极性。

单元 6.4　牵引整流机组

一、概述

每个牵引变电站设有一组或两组整流机组,牵引整流机组是由牵引变压器和整流柜组成的,并在牵引变压器的一次侧和整流柜的直流侧分别设有断路器,以便于整流机组的投切和设置保护装置。

牵引变压器的作用是根据直流系统电压的要求,将交流电网电压转变为适当的电压,供给整流柜。整流柜的作用是将交流电转变成为直流电。

整流柜的主回路可以分为单三相桥和双三相桥两种。单三相桥的整流柜配接双线圈的牵引变压器,所谓双线圈的牵引变压器是指有一套高压线圈和一套低压线圈的变压器。其

接线如图 6-4-1 所示。

双三相桥的整流柜需要配接三线圈或四线圈的牵引变压器,其接线如图 6-4-2 所示。

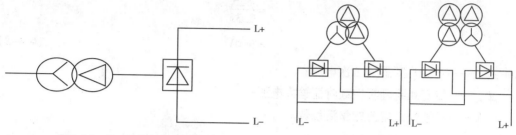

图 6-4-1　单三相桥牵引整流机组　　　　图 6-4-2　双三相桥牵引整流机组

单三相桥的整流柜可以输出 6 脉波的直流电,双三相桥的整流柜由于配接的牵引变压器两组低压线圈相位不同,可以输出 12 脉波的直流电。这样,不但可以提高电压质量,还可以消除部分高次谐波。

在整流系统中变压器连接电网的一侧绕组称作网侧绕组;变压器连接硅整流管一侧的绕组称作阀侧绕组。

在三相桥式整流电路中共有 6 个桥臂。交流 A 相与直流正极之间的整流桥臂称作 A-正桥臂;交流 B 相与直流正极之间的整流桥臂称作 B-正桥臂;交流 C 相与直流正极之间的整流桥臂称作 C-正桥臂;直流负极与交流 A 相之间的整流桥臂称作负-A 桥臂;直流负极与交流 B 相之间的整流桥臂称作负-B 桥臂;直流负极与交流 C 相之间的整流桥臂称作负-C 桥臂。同一桥臂中有若干硅元件并联时,每一个并联单元称为一个支路。

在大功率整流装置中有很多硅整流管,它们是以桥臂为单位分组排列的。在工作中,准确地在实际设备上分辨桥臂十分重要。一般可以根据整流装置交流引入线的相色标(A 黄、B 绿、C 红)和直流母线色标(正极赭红色、负极蓝色)来辨别桥臂。

二、整流机组的基本参数

目前地铁牵引变电站的交流进线电压是 10kV,直流牵引网的系统电压是 750V 或者 1 500V,整流柜的主接线采用的是三相桥式接线,由此可以计算出整流机组的基本参数。下面以 750V 系统为例介绍一下整流机组的基本参数。

1. 确定整流机组的理想空载直流输出电压(U_{dio})

直流牵引网的系统电压是 750V(+20%、-33%),考虑到电压降、电压正常波动范围的影响,整流机组的理想空载直流输出电压应比牵引网系统电压高 10%,即:

$$U_{dio}:750 + (750 \times 10\%) = 825V \tag{6-4-1}$$

式中:U_{dio}——整流机组理想空载直流输出电压。

2. 确定牵引变压器的二次电压(U_{vo})

由于直流牵引网的系统电压不要求很精确,所以牵引变压器的二次电压可以用下式直接求出:

$$U_{VO} = \frac{U_{dio}}{K}$$

$$= \frac{825}{1.35}$$

$$= 610V \tag{6-4-2}$$

式中：U_{vo}——牵引变压器的二次电压；

U_{dio}——整流机组理想空载直流输出电压；

K——三相桥式整流的整流系数。

3. 求牵引变压器的变比（K）

$$K = \frac{10000V}{610V} = 16.4 \tag{6-4-3}$$

通常，牵引变压器的变比有两种标注方法，一种是 10000V/610V；另一种是 10500V/640V，它们的变比是相同的。

4. 已知整流机组的直流侧电流 I_d 可以计算出牵引变压器阀侧电流 I_V

公式如下：

$$I_V = 0.816I_d \tag{6-4-4}$$

式中：I_V——牵引变压器阀侧电流；

I_d——整流机组的直流侧电流。

5. 已知整流机组的直流侧电流可以计算出牵引变压器网侧 I_L 电流

公式如下：

$$I_L = \frac{0.816I_d}{K} = \frac{0.816I_d}{16.4} = 0.05I_d \tag{6-4-5}$$

式中：I_L——牵引变压器网侧电流；

I_d——整流机组的直流侧电流；

K——牵引变压器的变比。

6. 已知牵引变压器网侧电流可以计算出整流机组的直流侧电流 I_d

$$I_d = \frac{I_L}{0.05} = 20I_L \tag{6-4-6}$$

式中：I_L——变压器网侧电流；

I_d——整流机组的直流侧电流。

7. 整流机组直流侧功率与牵引变压器的视在功率的关系

$$S = 1.05P \tag{6-4-7}$$

式中：S——牵引变压器的视在功率；

P——整流机组的直流侧功率。

复习与思考题

1. 简述三相桥式整流电路的工作原理。

2. 分别画出单三相桥牵引整流机组和三线圈牵变配接双三相桥牵引整流机组的主接线图。

3. 写出牵引整流机组各主要技术参数的计算公式。

4. 牵引变压器由哪些部分组成？

5. 简述牵引变压器的工作原理。

6. 举例写出一台树脂绝缘干式牵引变压器的参数。

7. 画出牵引变压器延边三角形移相 $+7.5°$ 原理接线。

8. 画出牵引变压器延边三角形移相 $-7.5°$ 原理接线。

单元 7 互 感 器

[课题导入]

在城市轨道交通供电系统中,一次电路的信号一般为较大信号,例如:牵引变电站一次侧电压为 10kV、电流 5kA 等,这种大信号是无法接入保护装置和测量回路的,需要一种装置将这些高电压、大电流按比例转换为低电压、小电流,这就引入一种电气设备装置——互感器。目前大部分互感器是应用电磁感应原理来变换电压、电流的,与变压器原理基本相类似。

[学习知识目标]

1. 了解互感器的分类。

2. 掌握互感器的功能作用。

3. 了解电流互感器及电压互感器的分类。

4. 理解电流互感器及电压互感器的原理。

5. 掌握电流互感器及电压互感器的工作特点。

6. 掌握电流互感器及电压互感器的使用及运行维护。

[学习能力目标]

1. 能辨别不同类型的互感器。

2. 能认知电流互感器及电压互感器的型号的含义。

3. 能用绝缘表进行电压互感器绝缘电阻的测量。

4. 能在互感器设备运行维护中掌握互感器使用的注意事项。

[建议学时]

12 学时。

单元 7.1 概 述

本节主要介绍了互感器的分类、原理、特性和作用等。城市轨道交通供电系统要安全、经济的运行,必须安装一系列的测量仪表和保护装置,对供电的电压、电流、功率和电能等进行监视和测量,对设备进行保护,保障运行人员的人身安全。因此,对于电流、电压超过一定数值时,测量仪表需经过互感器接入电路。

一、互感器的概念

互感器是一种特殊变压器,又称为仪用变压器,能将高电压变成低电压、大电流变成小电流,用于测量或保护系统的装置。

二、互感器的分类

1. 按主要功能分类

互感器主要分为电压互感器和电流互感器两大类。

2. 按绝缘方式分类

互感器主要分为油浸式互感器和干式互感器两大类。内部填充为绝缘油称为油浸式互感器;干式互感器一般为环氧树脂浇注式。

3. 按准确度等级分类

互感器准确度等级主要有:0.1、0.2、0.5、1.0、3.0 等。

4. 按安装地点分类

互感器主要分为:户内式互感器和户外式互感器。

三、互感器的功能

互感器功能主要是将高电压或大电流按比例变换成标准低电压或标准小电流,以便实现测量仪表、保护设备及自动控制设备的标准化、小型化。具体体现在以下几方面:

(1)隔离高压电源、安全绝缘。互感器还可用来隔开高电压系统,以保证人身和设备的安全;避免一次电路的高电压直接引入仪表、继电保护设备等二次设备。提高工作人员和检修人员的人身安全和电气设备的安全性和可靠性,避免二次电路的故障影响一次电路。

(2)改变电压、改变电流。在交流电路中,常用互感器把高电压转换成低电压,大电流转换成小电流,此后再供测量、控制、保护用。

(3)扩大了仪表的量程。相当于扩大了仪表、继电器的使用范围,这样不但可以加大测量仪表量程,便于仪表标准化,降低控制、保护设备的电压和电流,而且使仪表与设备或高压电路隔开,保证仪表、设备和工作人员的安全,将一次回路的高电压和大电流变为二次回路的标准电压和电流,例如额定二次线电压为100V,额定二次电流为5A,使测量仪表和保护装置标准化,以及二次设备的绝缘水平可按低电压设计,从而结构轻巧,价格便宜。

因此,所有二次设备可用低电压、小电流的控制电缆连接,使控制屏布线简单、安装方便。同时,便于集中处理,可实现远程控制和测量。二次回路不受一次回路的限制,可采用Y形、△形或V形接法,因而接线灵活方便。同时,对二次设备进行维护、调换以及调整试验时,不需要中断一次系统的运行,仅适当地改变二次接线即可实现。这样二次设备和工作人员与高电压部分隔离,且互感器二次侧均接地,从而保证了设备和人身的安全。

四、互感器的应用

(1)主要用于交流电路中监视电气设备运行情况及控制系统(通常其一次侧绕组称为原绕组或一次绕组,二次侧绕组称为副绕组或二次绕组),用以分别向测量仪表、继电器的电压线圈和电流线圈供电,正确反映电气设备的正常运行和故障情况。

(2)在城市轨道交通供电系统继电保护电路采集信号需要从互感器二次回路中采集电

压和电流信号,从而达到控制和监测城市轨道交通供电系统。

单元7.2　电压互感器

电压互感器(简称 PT,文字符号为 TV)是一个带铁芯的变压器,用来测量线路及母线的电压,用以计量和继电保护用。传统电压互感器主要是油绝缘及电磁式。目前,在高压、超高压范围内则用重量轻、体积较小的电容式电压互感器,国际上已经在使用光电式互感器。

一、电压互感器的结构及型号

1.电压互感器的结构

以图 7-2-1 所示的 JDZ-10G 型 10kV 户内电压互感器和图 7-2-2 所示的 JSJW-10 电压互感器为例,结构图和实物图如图所示。

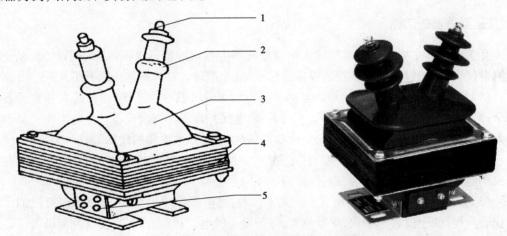

图 7-2-1　JDZ-10G 型 10kV 户内电压互感器

1-一次侧出线;2-高压套管;3-主绝缘;4-铁芯;5-二次侧出线

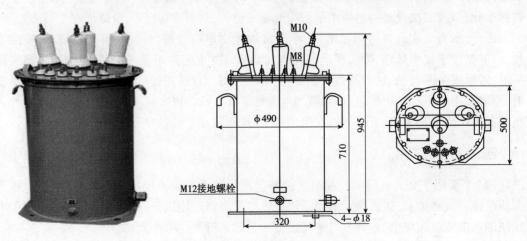

图 7-2-2　JSJW-10 电压互感器(尺寸单位:mm)

JDZ-10G 型号电压互感器为环氧树脂浇注绝缘半封闭户内单相电压互感器,适用于额定频率为50Hz,额定电压 10 kV 及以下户内装置的电力系统中作电压、电能测量和继电保护使用,可用于单相及三相线路,但用于三相线路时,可用两台电压互感器接成"V"形。

JSJW-10 电压互感器为户外三相油浸式五柱铁芯型,使用电源频率为50Hz 或 60Hz,一次线圈额定电压10kV,二次线圈额定电压100V 的电路中,在城市轨道交通供电系统中得到广泛的应用。

2. 电压互感器的组成

如图 7-2-3 所示,电压互感器型号主要由以下几部分组成:

第一个字母:J 表示电压互感器。

第二个字母:D 表示单相;S 表示三相。

第三个字母:J 表示油浸;Z 表示浇注;G 表示干式。

数字:电压等级(单位 kV)。

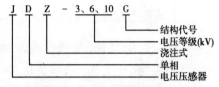

图 7-2-3 电压互感器型号组成

二、电压互感器的分类

(1)按安装地点可分为户内式和户外式。35kV 及以下多制成户内式,35kV 以上则制成户外式。

(2)按相数可分为单相和三相式。35kV 及以上不能制成三相式。

(3)按绕组数目可分为双绕组和三绕组电压互感器。三绕组电压互感器除一次侧和基本二次侧外,还有一组辅助二次侧,供接地保护用。

(4)按绝缘方式可分为干式、浇注式、油浸式和充气式。干式电压互感器结构简单、无着火和爆炸危险,但绝缘强度较低,只适用于 6kV 以下的户内式装置;浇注式电压互感器结构紧凑、维护方便,适用于 3~35kV 户内式配电装置;油浸式电压互感器绝缘性能较好,可用于10kV 以上的户外式配电装置;充气式电压互感器用于 SF_6 全封闭电器中。

(5)此外,还有电容式电压互感器。电容式电压互感器实际上是一个单相电容分压管,由若干个相同的电容器串联组成,接在高压相线与地面之间,它广泛用于 110~330kV 的中性点直接接地的电网中。

三、电压互感器的工作原理

电压互感器的工作原理如图 7-2-4 所示,与普通变压器的原理相同,基本结构也是铁芯和原、副绕组。特点是容量很小且比较恒定,正常运行时接近于空载状态,是并接在电路中。结构原理和接线方式也相似。

(1)电压互感器的一次电压有效值 U_1 与其二次电压有效值 U_2 之间大小有下列关系,如下面表达式:

$$\frac{U_1}{U_2} = \frac{N_1}{N_2} = K_u$$

式中:U_1——一次绕组侧一次电压;

U_2——二次绕组侧二次电压;

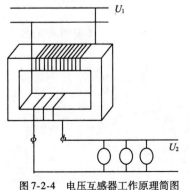

图 7-2-4 电压互感器工作原理简图

N_1——一次绕组匝数；

N_2——二次绕组匝数；

K_u——电压互感器的变压比。

(2)电压互感器主要由一、二次绕组、铁芯和绝缘组成。当在一次绕组上施加一个电压U_1时，在铁芯中就产生一个磁通，根据电磁感应定律，则在二次绕组中就产生一个二次电压U_2。改变一次或二次绕组的匝数，可以产生不同的一次电压与二次电压比，这就可组成不同比的电压互感器。电压互感器将高电压按比例转换成低电压(一般为100V)，电压互感器一次侧接在一次系统，二次侧接测量仪表、继电保护等。

四、电压互感器的特点

(1)一次绕组线圈匝数很多，二次绕组线圈匝数较少，相当于降压变压器。

(2)容量小(通常只有几十伏安或几百伏安)。

(3)接入电路的方式，一次绕组并联在一次电路中，二次绕组则并联仪表、继电器的电压线圈。额定一次电压，作为互感器性能基准的一次电压值；额定二次电压，作为互感器性能基准的二次电压值。

(4)额定变压比，额定一次电压与额定二次电压之比。

(5)准确级，由互感器系统定的等级，其误差在规定使用条件下应在规定的限值之内负荷。

(6)二次回路的阻抗，通常以视在功率(VA)表示。

(7)额定负荷，确定互感器准确级可依据的负荷值。

(8)工作状态及电压关系，由于二次仪表、继电器的电压线圈阻抗很大，电压互感器工作时二次回路接近于空载状态。

(9)二次侧严禁短路，一次、二次都接有熔断器保护。

五、电压互感器的用途

电压互感器的用途主要有如下：

(1)电压互感器将各种高电压变成一个标准电压(例如100V)，供给测量表计、计量表计、继电保护装置、备用电源自投装置等使用。

(2)将仪表、继电保护与高电压进行隔离，从而降低了它们的绝缘水平，并使仪表和保护标准化。

(3)减小仪表、继电保护和体积，简化仪表继电保护的结构，减小配电盘和配电柜的外形尺寸，节约投资。

(4)使测量表计、继电保护与高电压不直接接触，并且二次侧进行保护接地，从而保证人身和设备安全。

六、电压互感器的接线

1.一台单相电压互感器的接线

其接线原理电路图如图7-2-5所示，这种接线在三相电路上，只能测量与电压互感器相连接的一次侧绕组的线电压,二次绕组的末端需接地,以保证工作人员的安全。

2．两台单相电压互感器的接线

其接线原理电路图如图 7-2-6 所示,这种接线电压互感器一次绕组、二次绕组均接成"V"形,也称为不完全三角形接线。这种接线只能测量线电压,不能测量相对地的电压,不能起绝缘监察和做接地保护用,一般二次绕组的一点接地,以保证人员的安全。

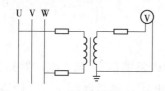

图 7-2-5　一台单相电压互感器的接线

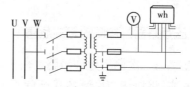

图 7-2-6　两台单相电压互感器的接线

3．三相三柱式电压互感器的接线

其接线原理电路图如图 7-2-7 所示,这种接线只能测量线电压,不能测量相对地的电压,二次绕组中性端接地,以保证安全。

4．三台单相电压互感器的接线

其接线原理电路图如图 7-2-8 所示,这种接线能测量线电压和相电压,以满足仪表和继电保护装置的要求。

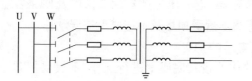

图 7-2-7　三相三柱式电压互感器的接线

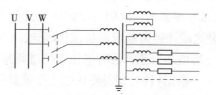

图 7-2-8　三台单相电压互感器的接线

5．三相五柱式电压互感器的接线

其接线原理电路图如图 7-2-9 所示,这种接线在 10kV 中性点不接地系统中得到广泛应用,可以测量线电压和相电压。

七、电压互感器的使用及注意事项

(1)电压互感器的使用,能承受一次及二次侧一定的电压。

(2)运行时二次侧不允许短路,本身阻抗很小,如二次侧短路,二次侧通过的电流增大造成保险熔断,影响表计指示及引起保护误动作。

(3)当超过最大负荷功率时,电压互感器将烧坏。

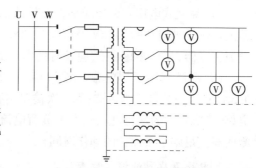

图 7-2-9　三相五柱式电压互感器的接线

(4)电压互感器在投入运行前要按照规程规定的项目进行试验检查。例如,测极性、连接组别、摇绝缘、核相序等。

(5)电压互感器的接线应保证其正确性,一次绕组和被测电路并联,二次绕组应和所接的测量仪表、继电保护装置或自动装置的电压线圈并联,同时要注意极性的正确性。

(6)接在电压互感器二次侧负荷的容量应合适,接在电压互感器二次侧的负荷不应超过其额定容量,否则,会使互感器的误差增大,难以达到测量的正确性。

(7)为了确保人在接触测量仪表和继电器时的安全,电压互感器二次绕组必须有一点接地。因为接地后,当一次和二次绕组间的绝缘损坏时,可以防止仪表和继电器出现高电压危及人身安全。

八、电压互感器二次侧短路的危害

电压互感器二次侧不允许短路。由于电压互感器内阻抗很小,若二次回路短路时,会出现很大的电流,将损坏二次设备甚至危及人身安全。电压互感器可以在二次侧装设熔断器以保护其自身不因二次侧短路而损坏。在可能的情况下,一次侧也应装设熔断器以保护高压电网不因互感器高压绕组或引线故障危及一次系统的安全。

九、电压互感器的运行维护

1. 电压互感器的运行规定

(1)电压互感器在额定容量及以下允许长期运行,不容许超过最大容量长期运行。60kV及以下的电压互感器,其一次侧都应装熔断器,以避免互感器出现故障时使事故扩大。在电压互感器的二次侧装设熔断器或低压断路器,当电压互感器的二次侧及回路发生故障时,使之能快速熔断或切断,以保证电压互感器不遭受损坏及不造成保护误动作。

(2)电压互感器运行电压不超过其额定电压的110%。

(3)在运行中,如需要在电压互感器的本体上或其底座上进行工作,不仅要把其一次侧断开,而且还要在其二次侧有明显的断开点。这样做的目的是避免可能从其他电压互感器向停电的二次回路充电。在一次侧感应产生高电压,造成危险。这里之所以强调要有明显的断开点,主要是确保安全。如果只是通过低压断路器或隔离开关的辅助触点来断开电压互感器的二次回路,而没有明显的断开点,是不够安全的。

(4)油浸式电压互感器应装设油位计和呼吸器,以监视油位及减少油受空气中水分和杂质的影响。凡新装的110kV及以上的油浸式电压互感器,都应采用全密封式或带微正压的金属膨胀器,凡有渗漏油的,应及时处理或更换。

(5)高压侧熔断器的额定电流值(一般10kV电压互感器熔断器熔体的额定电流为0.5A)和遮断容量应当足够;其二次输出串有与其隔离开关同时开合的辅助触点,该触点应良好;二次熔丝的额定电流应大于负荷电流的1.5倍,如表计回路没有熔丝,二次熔丝的熔断时间应足够小于保护的动作时间。

2. 电压互感器的巡视检查

1)电压互感器巡视检查的周期

(1)有人值班每班一次。

(2)无人值班每周至少一次。

(3)特殊情况应增加巡视次数。

2）电压互感器巡视检查内容

连接在母线上的电压互感器在运行中发生故障,就相当于母线故障,影响甚大,必须注意巡视。其主要巡视检查内容如下:

(1)电压互感器瓷瓶是否清洁、完整,有无损坏及裂纹,瓷套管有无闪络放电痕迹。

(2)高压侧引线的两端接头连接是否良好,有无过热,二次回路的电缆及导线有无损伤,高压熔断器限流电阻及断线保护用电容器是否完好,连接点是否牢固可靠。

(3)油浸式电压互感器的油位、油色是否正常,有无漏油现象,硅胶变色部分是否超过1/2。若油位看不清楚,应查明原因,有无渗漏油现象。

(4)电压互感器的二次侧和外壳接地是否良好,二次出线的端子箱的门是否关好。

(5)电压指示是否正常,检查二次回路的电缆及导线有无腐蚀和损伤现象。

(6)电压互感器内部声音是否正常,有无异常气味、声响,检查端子箱是否清洁、受潮。

(7)检查 PB 型波纹金属膨胀器或微正压装置的运行状况,一般情况下,其油位窥视口内红色导向油位指示应在 +20℃左右。若油位突然上升至最高点,则可能是电压互感器内部故障,若油位急剧下降,可能是电压互感器渗、漏油所致,此时应加强监视并向调度汇报申请处理。

3.电压互感器的运行故障分析及维护

电压互感器实际上就是一种容量很小的降压变压器,正常运行时,应有均匀的轻微的嗡嗡声,运行异常时常伴有噪声及其他现象:

(1)电压互感器响声异常,若系统出现谐振或馈线单相接地故障,电压互感器会出现较高的"嗡嗡"声。

(2)电压互感器因内部故障过热(如匝间短路和铁芯短路)产生高温,使其油位急剧上升,并由于膨胀作用产生漏油。

(3)电压互感器内发生臭味或冒烟,说明其连接部分松动或互感器高压侧绝缘损伤等。

(4)绕组与外壳之间或引线与外壳之间有火花放电,说明绕组内部绝缘损坏或连接部位接触不良。

(5)电压互感器因密封件老化而引起严重漏油故障等,处理该异常状态时,禁止使用隔离开关或取下高压熔断器等方法停用故障的电压互感器,应采用由高压断路器切断故障互感器所处母线的方式停用故障电压互感器。

(6)电磁式电压互感器在投入使用后,每隔 3 年需要进行绝缘电阻测试,在大修后也需要进行绝缘电阻测试。按照规定绝缘电阻值应不小于出厂值的 70%。

(7)对于电压互感器防止受潮、脏污,检测绝缘油老化及绝缘击穿和严重的热老化等缺陷。

(8)当电压互感器二次回路短路时,一般情况下高压熔断器熔丝不会熔断,但是此时设备会有异常,应及时进行处理。

单元 7.3　电流互感器

电流互感器(简称 CT,文字符号为 TA)又称仪用变流器,用来转换和测量线路、母线的电流,用于计量和保护。传统的电流互感器采用油绝缘电磁式,现在又有环氧浇注式、SF₆ 电流互感器,最新的有光电式电流互感器。

一、电流互感器的结构及型号

1.电流互感器的结构

以图7-3-1 LFZJ-10型10kV户内电流互感器为例,基本结构包括一次绕组、二次绕组和铁芯。本型号电流互感器是在LA(J)-10基础上改进设计的全封闭结构产品,为环氧树脂浇注贯穿式结构,可以对额定频率50Hz,额定电压10kV及以下的电力系统作为电流、电能测量和继电保护使用,其克服了老型号表面爬距小,不能做双保护产品的特点,是LA(J)-10理想的替代产品,适用于潮湿、凝露及热带高温区,亦可在二次采用抽头来改变电流互感器的变比。

2.电流互感器的组成

如图7-3-2所示,电流互感器的型号由以下几部分组成:

第一个字母:L表示电流互感器。

第二个字母:F表示复匝式;M表示母线式;
　　　　　　D表示单匝式;Q表示线圈式;
　　　　　　A表示穿墙式;B表示支持式;
　　　　　　Z表示支柱式;R表示装入式。

第三个字母:Z表示浇注式;C表示瓷绝缘;
　　　　　　J表示树脂浇筑;K表示塑料外壳;
　　　　　　W表示户外式;M表示母线式;
　　　　　　G表示改进式;Q表示加强式。

第四个字母:Q表示加强式;L表示铝线式;
　　　　　　J表示加大容量;B表示保护用;
　　　　　　D表示差动保护用;J表示接地保护用;
　　　　　　X表示小体积柜用;S表示手车柜用。

数字:额定电压等级(单位kV)。

图7-3-1　LFZJ-10型10kV户内电流互感器

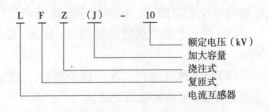

图7-3-2　电流互感器型号

二、电流互感器的分类

电流互感器的分类有很多分法,有很多种不同形式的电流互感器,具体举例如下:

1）按安装方式分

主要有：贯穿式电流互感器、支柱式电流互感器、套管式电流互感器和母线式电流互感器。

（1）贯穿式电流互感器，用来穿过屏板或墙壁的电流互感器。

（2）支柱式电流互感器，安装在平面或支柱上，兼做一次电路导体支柱用的电流互感器。

（3）套管式电流互感器，没有一次导体和一次绝缘，直接套装在绝缘的套管上的一种电流互感器。

（4）母线式电流互感器，没有一次导体但有一次绝缘，直接套装在母线上使用的一种电流互感器。

2）按安装地点分

主要有：屋内式和屋外式。

3）按一次绕组匝数分

主要有：单匝式电流互感器、多匝式电流互感器和两铁芯两绕组式电流互感器。

（1）单匝式电流互感器，就是原边绕组是一匝载流导体穿过闭合铁芯，次边线圈绕在铁芯上。

（2）多匝式电流互感器，就是原边绕组采用多匝载流导体穿过闭合铁芯。

（3）两铁芯两绕组式电流互感器，就是原边线圈为单匝，次边线圈为两铁芯两绕组的电流互感器。

4）按用途分

主要有：测量用电流互感器和保护用电流互感器。

（1）测量用电流互感器（或电流互感器的测量绕组），是指在正常工作电流范围内，向测量、计量等装置提供电网的电流信息。

（2）保护用电流互感器（或电流互感器的保护绕组），是指在电网故障状态下，向继电保护等装置提供电网故障电流信息。

5）按绝缘介质分

主要有：干式电流互感器、油浸式电流互感器和气体绝缘电流互感器。

（1）干式电流互感器，由普通绝缘材料经浸漆处理作为绝缘；浇注式电流互感器，用环氧树脂或其他树脂混合材料浇注成型的电流互感器。

（2）油浸式电流互感器，由绝缘纸和绝缘油作为绝缘，一般为户外型。

（3）气体绝缘电流互感器，主绝缘由气体构成。

6）按电流变换原理分

主要有：电磁式电流互感器、光电式电流互感器、电容式电流互感器和无线电式电流互感器等。下面仅介绍前两种：

（1）电磁式电流互感器，根据电磁感应原理实现电流变换的电流互感器。

（2）光电式电流互感器，通过光电变换原理以实现电流变换的电流互感器。

三、电流互感器的工作原理

电流互感器的工作原理如图 7-3-3 所示，与普通变压器的原理相同，结构原理和接线方式也相似。

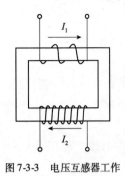

图 7-3-3　电压互感器工作
原理简图

(1)电流互感器的一次侧电流 I_1 与其二次侧电流 I_2 之间有下列有效值大小关系,如下式所示。

$$\frac{I_1}{I_2} = \frac{N_2}{N_1} = K_i$$

式中：I_1——一次绕组侧一次电流；

I_2——二次绕组侧二次电流；

N_1——一次绕组匝数；

N_2——二次绕组匝数；

K_i——电流互感器的变流比。

(2)电流互感器的变流比 K_i 远大于1,例如100A/5A 的变流比,由于一次绕组串连接入一次电路,二次绕组与仪表、继电器等的电流线圈串联,形成一个闭合回路。由于二次仪表、继电器等的电流线圈阻抗很小,其工作时二次回路接近于短路状态。

四、电流互感器的特点

电流互感器的特点如下：

(1)一次绕组匝数少(有的利用一根导线穿过其铁芯,只有一匝),二次绕组匝数很多。

(2)接入电路的方式,一次绕组串联在一次电路中,二次绕组与仪表、继电器等的电流线圈串联,形成一个闭合回路。

(3)运行时二次侧不允许开路,具体原因如下：

电流互感器二次侧开路时,二次电流等于零,一次侧电流完全变成了励磁电流,在二次线圈上产生很高的电势,其峰值可达几千伏,威胁人身安全,或造成仪表、保护装、电流互感器二次绝缘损坏。因为一旦开路,一次侧电流全部成为磁化电流,造成铁心过度饱和磁化,发热严重乃至烧毁线圈；同时,磁路过度饱和磁化后,使误差增大。电流互感器在正常工作时,二次侧与测量仪表和继电器等电流线圈串联使用,测量仪表和继电器等电流线圈阻抗很小,二次侧近似于短路。电流互感器二次电流的大小由一次电流决定,二次电流产生的磁势,是平衡一次电流的磁势的。若突然使其开路,则励磁电动势由数值很小的值骤变为很大的值,铁芯中的磁通呈现严重饱和的平顶波,因此二次侧绕组将在磁通过零时感应出很高的尖顶波,其值可达到数千甚至上万伏,危及工作人员的安全及仪表的绝缘性能。

(4)电流互感器二次侧都备有短路开关,防止二次侧开路。在使用过程中,二次侧一旦开路应马上撤掉电路负载,然后,再停电处理,一切处理好后方可再用。

五、电流互感器的用途

电流互感器的主要用途如下：

(1)电流互感器将各种大电流变成一个标准小电流(例如5A),供给测量表计、计量表计和继电保护使用。

(2)将仪表、继电保护与大电流进行隔离,从而降低了它们的绝缘水平,并使其标准化。

(3)使测量表计、继电保护与高压大电流不直接接触,从而保证人身和设备安全。

(4)减小仪表、继电保护的体积,简化仪表的结构,减小配电盘和配电柜的外形尺寸,节约投资。

六、电流互感器的接线方式

1.单相接线

单相接线如图7-3-4a)所示,这种接线用于三相对称负荷的一相电流测量,也用于保护回路的单相接线,例如一次系统星形中性线上的单相接线,当一次系统负荷不平衡或出现短路故障时,可反映流过星形中性点的零序电流。

2.星形接线

星形接线如图7-3-4b)所示,这种接线用于发电机、变压器及输电线路测量和保护回路。装在二次回路各相上的电流装置可反映各相的电流值;装在公共线上的电流装置可反映零序电流值。

3.不完全星形接线

不完全星形接线如图7-3-4c)所示,这种接线通常用于6~10kV厂用电动机、35kV及以下线路、厂用变压器及厂用母线进线的测量和保护回路。不仅可用接于二次两相上的电流装置反映出该两相(U、W相)的电流值,还可用接于公共导线上的电流装置反映第三相(V相)的电流值,故可用于三相对称或不对称系统。

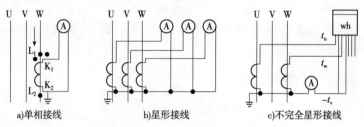

a)单相接线   b)星形接线   c)不完全星形接线

图7-3-4 电流互感器接线

另外,还有两相差电流接线,输出两相二次电流差值,通常用于6~10kV厂用电动机保护回路;三角形接线,也是输出两相二次电流差值,主要用于发电机、变压器及输电线路测量和保护回路。

七、电流互感器的使用及注意事项

(1)电流互感器的接线应遵守串联原则:

①一次绕组应与被测电路串联。

②二次绕组则与所有仪表负载串联。

(2)按被测电流大小,选择合适的变比,否则误差将增大。同时,二次侧一端必须接地,以防绝缘一旦损坏时,一次侧高压窜入二次低压侧,造成人身和设备事故。

(3)电流互感器的额定电压不得小于安装处的电网额定电压。

(4)为了满足测量仪表、继电保护、断路器失灵判断和故障滤波等装置的需要,在发电机、变压器、出线、母线分段断路器、母线断路器及旁路断路器等回路中均设2~8个二次绕组的电流互感器。

(5)为了防止支柱式电流互感器套管闪络造成母线故障,电流互感器通常布置在断路器的出线或变压器侧。

(6)如实际不能安装熔断器,若某二次绕组不使用时,必须用导线短接,否则二次线圈将产生高压危及人身和设备安全,也不允许在运行时未经旁路就拆下电流表、继电器等设备。

(7)为了减轻发电机内部故障时的损伤,用于自动调节励磁装置的电流互感器应布置在发电机定子绕组的出线侧。为了便于分析和在发电机并入系统前发现内部故障,用于测量仪表的电流互感器宜装在发电机中性点侧。

(8)电流互感器二次线组必须有一端接地,就是为了防止高压危险而采取的保护措施。

(9)对于保护用电流互感器的装设地点应按尽量消除主保护装置的不保护区来设置。例如:若有两组电流互感器,且位置允许时,应设在断路器两侧,使断路器处于交叉保护范围之中。

八、电流互感器二次侧开路的危害

电流互感器在正常运行时,二次电流产生的磁通势对一次电流产生的磁通势起去磁作用,励磁电流甚小,铁芯中的总磁通很小,二次绕组的感应电动势不超过几十伏。如果二次侧开路,二次电流的去磁作用消失,其一次电流完全变为励磁电流,引起铁芯内磁通剧增,铁芯处于高度饱和状态,加之二次绕组的匝数很多,根据电磁感应定律,就会在二次绕组两端产生很高(甚至可达数千伏)的电压,不但可能损坏二次绕组的绝缘,而且将严重危及人身安全。再者,由于磁感应强度剧增,使铁芯损耗增大,严重发热,甚至烧坏绝缘。因此,电流互感器二次侧开路是绝对不允许的。

九、电流互感器的运行维护

1. 电流互感器的运行规定

(1)电流互感器的负荷电流对独立式电流互感器应不超过其额定值的110%,对套管式电流互感器,应不超过其额定值的120%(宜不超过110%),如长时间过负荷,会使测量误差加大和使绕组过热或损坏。

(2)电流互感器在运行时,它的二次回路始终是闭合的,因其二次负荷电阻的数值比较小,接近于短路状态。电流互感器的二次绕组在运行中不允许造成开路,因为出现开路时,在二次绕组中会感应出一个很大的电动势,这个电动势可达数千伏,因此,无论对工作人员还是对二次回路的绝缘都是很危险的,在运行中要格外当心。

(3)油浸式电流互感器应装设金属膨胀器或微正压装置,以监视油位和使绝缘油免受空气中的水分和杂质影响(现在已改进为金属膨胀器式全密封结构)。

(4)电流互感器的二次绕组至少应有一个端子可靠接地,它属于保护接地。为了防止二次回路多点接地造成继电保护动作,对电流差动保护等每套保护只允许有一点接地,接地点一般设在保护屏上。

(5)电流互感器与电压互感器的二次回路不允许互相连接。因为电压互感器二次回路是高阻抗回路,电流互感器二次回路是低阻抗回路。如果接于电压互感器二次回路,会造成电压互感器短路;如果电压回路接于电流互感器的二次回路,会使电流互感器近似开路。这样是极不安全的。

2.电流互感器巡视检查

1)电流互感器巡视检查周期

(1)有人值班,每班一次;无人值班,每周一次。

(2)故障处理后增加巡检次数。

2)电流互感器巡视检查内容

(1)连接点是否可靠,压接螺钉有无松动、过热及放电现象,表面有无闪络放电痕迹,瓷绝缘有无裂纹、破损。

(2)接地是否可靠,接地线是否良好,有无松动及断裂现象。

(3)电流表指示是否正常。

(4)充油的电流互感器是否有渗油现象,油色是否正常,油位是否适中,有无突然升高、降低现象。

(5)有无异常声响,有无异常气味。

(6)瓷套管是否清洁,有无破损裂纹和放电痕迹,端子箱是否清洁、受潮,二次端子是否接触良好,有无开路、放电或打火现象。

3.电流互感器的运行故障分析及维护

由于电流互感器二次回路中只允许带很小的阻抗,所以它在正常工作时,趋近于短路状态,声音极小,一般认为无声,因此,电流互感器的故障常常伴有声音或其他现象的发生。

(1)当电流互感器二次绕组或回路发生短路时,电流表、功率表等指示为零或减少,同时继电保护装置误动作或不动作。出现这类故障后,应汇报调度,保持负荷不变,停用可能误动作的保护装置,并进行处理,否则应申请停电处理。

(2)电流互感器二次回路开路时,故障点端子排会击穿冒火。此时值班人员应针对发生的异常现象,检查互感器二次回路端子接触是否良好,否则应申请停电检查处理。

(3)对充油型电流互感器还应检查互感器密封情况,其油位是否正常;对带有膨胀器密封的互感器,可通过油位窥视口内红色导向油位指示器观察,若油位急剧上升,可视为互感器内部存在短路或绝缘过热故障,以致油膨胀而引起,值班人员应向调度申请停电处理;油位急剧下降,可能是互感器严重渗、漏油引起。

(4)二次侧开路是电流互感器运行中常见的事故,具体原因有接线端子排上螺钉因震动而脱扣,机械外力使电流互感器二次侧电路断开,电流表的切换开关接触不良。

(5)电流互感器的常见故障往往与制造缺陷有关,例如,电流互感器的绝缘很厚,绝缘包绕松散,绝缘层间有皱褶,加之真空处理不良,浸渍不完全而造成,从而易引起局部放电故障。

(6)当电流互感器进水受潮时,故障可能原因主要有:与制造厂的密封结构和密封材料有关;现场真空脱气不充分或者检修时不进行真空干燥,致使油中溶解气体易饱和或油纸绝缘中残存气泡和含湿较高。所有这些,都将给设备留下安全隐患。

(7)当电流互感器运行或停止使用时,应注意在取下端子板时是否出现火花。如果出现火花,应立即把端子板装上并拧紧,查明原因才能进行维护。

(8)由于绝缘材料不清洁或含湿高,可能在其表面产生沿面放电,这种情况多见于一次端子引线沿垫块表面放电。

(9)现场维护管理检查一次连接夹板、螺栓、螺母松动,末屏接地螺母松动,抽头紧固螺母松动等,均可能使接触电阻增大,从而导致局部过热故障。

(10)电流互感器的运行维护和停止使用,一般情况下在一次电路的高压断路器断开后进行的,以防止电流互感器的二次线圈开路。

复习与思考题

1. 互感器的功能有哪些?

2. 互感器在城轨供电系统中的作用有哪些?

3. 简述电流互感器的分类及工作原理。

4. 简述电压互感器的分类及工作原理。

5. 电流互感器的运行维护有哪些注意事项?

6. 电压互感器的运行维护有哪些注意事项?

7. 什么是电流互感器的变比? 一次电流为1200A,二次电流为5A,试计算电流互感器的变比?

8. 运行中电流互感器二次侧为什么不允许开路? 如何防止运行中的电流互感器二次侧开路?

9. 运行中电压互感器二次侧为什么不允许短路?

10. 互感器的二次侧为什么必须接地?

单元8 电力电缆

[课题导入]

在城市轨道交通供电系统中,常采用电力电缆来传输电能。电力电缆一般敷设在地面以下或建筑物的专用夹层中。由于它不易受雷电、风霜雨雪等自然灾害,以及鸟类等外界伤害,所以它的供电可靠性很高。如果埋入地下,对市容影响小,且不容易发生人身触电,降低触电事故发生率。同时,电力电缆存在投资费用高,电缆在运行中会受到大地电流的电磁感应,还会发生化学腐蚀,不易判断故障位置等缺点,因此,均需采取相应的技术措施加以改进。

[学习知识目标]

1. 了解电力电缆的发展。

2. 掌握电力电缆的结构及分类。

3. 了解电力电缆敷设的过程及方式。

4. 掌握电缆终端头的制作方法。

5. 了解电缆的故障类型。

6. 掌握 ZT9608-Q 电缆故障测量仪的使用方法。

[学习能力目标]

1. 能通过型号读出电缆类型。

2. 能够敷设电缆。

3. 能够制作电缆终端头。

4. 能够利用 ZT9608-Q 测出电缆的故障位置。

5. 能够独立巡视及维护电缆。

[建议学时]

8 学时。

单元8.1 概　　述

一、电缆线路的发展

1. 电缆线路的发展历史

电力电缆发展至今已有百余年的历史。1879 年,美国发明家爱迪生在铜棒上包绕黄麻并将其穿入铁管内,然后填充沥青混合物制成电缆。他将此电缆敷设于纽约,开创了地下输电;1880年,英国人卡伦德发明沥青浸渍纸绝缘电力电缆;1889年,英国人费兰梯在伦敦与德特福德之间敷设了10kV油浸纸绝缘电缆;1908年,英国建成20kV电缆网。电力电缆得到越来越广的应用。1911年,德国敷设成60kV高压电缆,开始了高压电缆的发展;1913年,德国人霍希施泰特研制成分相屏蔽电缆,改善了电缆内部电场分布,消除了绝缘表面的正切应力,成为电力电缆发展中的里程碑;1952年,瑞典在北部发电厂敷设了380kV超高压电缆,实现了超高压电缆的应用。到20世纪80年代已制成1100kV、1200kV的特高压电力电缆。

中国最早的通信电缆线路是沿海的海底电缆和大城市的市内电话电缆。20世纪30年代,在中国东北地区敷设了可以开通低频载波电话的长途对称电缆。1962年,中国设计制造的60路载波长途对称电缆,在北京和石家庄间投入使用。1976年,中国设计制造的1800路4管中同轴电缆在北京、上海、杭州间敷设成功并投入使用。电线电缆行业是中国仅次于汽车行业的第二大行业,产品品种满足率和国内市场占有率均超过90%。在世界范围内,中国电线电缆总产值已超过美国,成为世界上第一大电线电缆生产国。伴随着中国电线电缆行业的高速发展,新增企业数量不断上升,行业整体技术水平得到大幅提高。

2.电缆线路的发展前景

从电力电缆行业发展来看,未来几年内电力电缆的发展趋势将主要表现在以下几个方面:

(1)1kV及以下低压电力电缆仍旧以PVC电缆为主,但低压交联电缆逐步取代PVC电缆的趋势将有所增强,温水交联电缆应用量将会增加。低烟无卤阻燃电缆将有所发展。

(2)6~35kV中压电力电缆仍是交联电缆占统治地位,预制式电缆附件将得到更广泛的应用。

(3)110~220kV级交联电缆应用量将超过充油电缆,需要完善附件成套供应能力。充油电缆国内应用量减少,应增加充油电缆的出口数量。

(4)超导电缆研究应起步。对基本结构、工艺制作、性能测试及超导连接进行研究,争取制作出样品。

二、电力电缆的结构

电力电缆的基本结构由线芯(导体)、绝缘层、屏蔽层和保护层4个部分组成。如图8-1-1~图8-1-3所示。

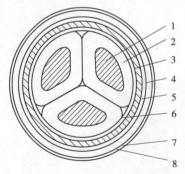

图8-1-1 三芯电缆结构剖面图

1-线芯导体;2-相绝缘;3-带绝缘;4-金属护套;5-内衬垫;6-填料;7-铠装层;8-外护层

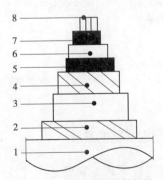

图8-1-2 三芯电缆单相结构图

1-外护层;2-钢带;3-内护层;4-铜屏蔽;5-外半导层;6-主绝缘;7-内半导层;8-线芯

1）线芯

线芯是电力电缆的导电部分,用来输送电能,是电力电缆的主要部分。线芯采用铜线或铝线制成,为了制造和应用标准化,导线线芯截面有统一的标称等级,我国目前 380V～35kV 电缆的导电部分截面主要有:2.5mm²、4mm²、6mm²、10mm²、16mm²、25mm²、35mm²、50mm²、70mm²、95mm²、120mm²、150mm²、185mm²、240mm²、300mm²、400mm²、500mm²、630mm²、800mm²19 种规格,电压 110kV 及以上电缆的截面主要有:100mm²、240mm²、400mm²、600mm²、700mm²、845mm²、500mm²、920mm²8 种规格。

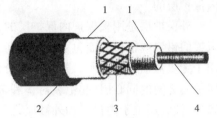

图 8-1-3　单芯电缆结构图
1-绝缘层;2-塑料外皮;3-屏蔽层;4-线芯导体

线芯的芯数有单芯(图 8-1-3)、双芯、三芯(图 8-1-1)和四芯几种。单芯电缆一般用来输送直流电、单相交流电或用作高压静电除尘器的引出线。三芯电缆用于三相交流电网中。电压为 1kV 时,电缆用双芯或四芯。

线芯的形状有很多种,包括圆形、弓形、扇形和椭圆形等。当线芯面积大于 16mm² 时,通常采用多股较小直径的导线绞合并经压紧而成,这样可以增加电缆的柔软性和结构稳定性,安装时可在一定程度内弯曲不变形。

2）绝缘层

绝缘层是将线芯与大地以及不同相的线芯间在电气上彼此隔离,保证电能安全输送,是电力电缆结构中不可缺少的组成部分。电缆绝缘层通常采用纸、橡胶、聚氯乙烯等组成,其中纸绝缘应用最广,它是经过真空干燥再经过在松香和矿物油混合的液体中浸渍后,缠绕在电缆电线芯上的。每相线芯分别包有的绝缘层叫分相绝缘。除每相线芯分别包有绝缘层外,它们绞合后,外面再用纸绝缘包上,这部分的绝缘称为统包绝缘。

3）屏蔽层

电力电缆通过的电流比较大,电流周围会产生磁场,为了不影响其他元件,所以加屏蔽层可以把这种电磁场屏蔽在电缆内。另外屏蔽层可以起到一定的接地保护作用,如果电缆芯线内发生破损,泄露出来的电流可以顺屏蔽层流入接地网,起到安全保护的作用。6kV 及以上的电力电缆一般都有导体屏蔽层和绝缘屏蔽层,部分低压电缆不设置屏蔽层。屏蔽层有半导电屏蔽和金属屏蔽两种。

半导电屏蔽通常是指在导电线芯的外表面和绝缘层的外表面,分别称为内半导电屏蔽层和外半导电屏蔽层。半导电屏蔽层是由电阻率很低且厚度较薄的半导电材料构成的。内半导电屏蔽层是为了均匀线芯外表面电场,避免因导体表面不光滑及线芯绞合产生的气隙而造成导体和绝缘发生局部放电。外半导电屏蔽层与绝缘层外表面接触很好,且与金属护套等电位,避免因电缆绝缘表面裂纹等缺陷而与金属护套发生局部放电。

对于没有金属护套的中低压电力电缆,除了设置半导电屏蔽层外,还要增加金属屏蔽层。金属屏蔽层通常用铜带或铜丝包绕而成,主要起到屏蔽电场的作用。

4）保护层

保护层的作用是保护电力电缆免受外界杂质和水分的侵入,以及防止外力直接损坏电力电缆。纸绝缘电力电缆的保护层较复杂,分为内保护层和外保护层。

内保护层是保护电力电缆的绝缘不受潮湿和防止电缆浸渍剂的外流,以及轻度的机械损伤,在统包绝缘层外面包上一定厚度的铝包或铅包,也有包裹聚氯乙烯、聚乙烯、橡胶作为内保护层的。

外保护层是用来保护内保护层的,防止铅包或铝包受到机械损伤和强烈的化学腐蚀,在电缆的铅包或铝包外面包上浸渍过沥青混合物的黄麻、钢带或钢丝。无外保护层的电缆,适用于无机械损伤的场所。外保护层分为内衬层、铠装层和外被层。内衬层位于铠装层和金属护套之间的同心层,起铠装衬垫和金属护套防腐作用,一般材料有浸渍皱纹纸带、聚氯乙烯等;铠装层位于内衬层和外被层之间的同心层,起抗压或抗张的机械保护作用,由钢带或钢丝构成。外被层位于铠装层外面的同心层,起铠装层防腐蚀保护作用,有纤维绕包或聚乙烯护套等。

三、电力电缆的型号

每一个电缆型号都表示一种电力电缆结构,同时也表示这种电缆的使用场合和某些特征。我国电缆的型号及名称采用汉语拼音字母和阿拉伯数字组成,有外护层时则在字母后加上2个数字,如表8-1-1所示。

常用电缆型号字母含义及排列次序　　　　　　　表8-1-1

特　性	绝缘种类	线芯材料	内　护　层	其他特征	外　护　层
ZR-阻燃 GZR-隔氧阻燃 NH-耐火 DL-低卤 WL-无卤	Z-纸绝缘 X-橡皮绝缘 V-聚氯乙烯 Y-聚乙烯 YJ-交联聚乙烯	L-铝 铜芯不标注	Q-铅护套 L-铝护套 H-橡胶 F-非燃性橡胶 V-聚氯乙烯护套 Y-聚乙烯护套	D-不滴流 F-分相铅包 P-屏蔽 C-重型	2个数字,含义 如表8-1-2所示

表示电缆外保护层结构的用2个数字表示,前一个表示铠装结构,后一个表示外被层结构;例如:"20"中的"2"表示钢带铠装,"0"表示没有外护套。如表8-1-2所示。

电缆外保护层代号含义　　　　　　　表8-1-2

第　一　个　数　字		第　二　个　数　字	
代　号	铠装层类型	代　号	外被层类型
0	无	0	无
1	—	1	纤维绕包
2	双钢带	2	聚氯乙烯护套
3	细圆钢丝	3	聚乙烯护套
4	粗圆钢丝	4	—

电缆型号中的字母一般按照下列次序排列:特性(无特性时省略)—绝缘种类—导体材料(铜芯无表示)—内护层—其他结构特征(无特征时省略)—外护层(无外护层时省略),此外还将电缆的工作电压、芯数和截面大小在型号后面表示出来。

例如:ZR-YJV22—8.7/15 3×185,表示阻燃、交联聚乙烯绝缘、铜芯、聚氯乙烯内护套、钢带铠装、聚氯乙烯外护套、8.7/15kV、三芯、185mm² 截面电力电缆。

四、轨道交通常用750V电缆介绍

1.隧道柜连接电缆

隧道柜连接电缆指隔离开关与三轨连接板之间的电缆,一般称为"三轨尾线",它是由8根 VV-1 ×240mm^2 电缆并联而组成的。尾线电缆安装如图8-1-4所示。

2.回流箱连接电缆

回流箱连接电缆作为走行轨回变电站负母线柜之间的连接箱之用,通过 VV22-1 × 400mm^2 或 VV-1 ×240mm^2 两种不同的电缆连接负母线与走行轨,以使之与正母线通过机车电机构成回路,如图8-1-5所示。

图8-1-4　尾线电缆安装图

图8-1-5　回流箱电缆安装图

3.均流电缆

均流电缆连接上下行走行轨,其作用是平衡两点间电流的作用,一般为 3 条 VV-1 × 185mm^2 的电缆,如图8-1-6所示。

4.迷流连接电缆

迷流连接电缆在区间外墙接缝处有 2 根入地钢筋用电缆连接,在站台前上下行,各有一处,迷流连接点通过小截面积电缆与站内的排流柜连接,它的主要作用是将区间的结构连接为一个整体,将区间的杂散电流统一排出,以防止迷流对设备的伤害。

5.轨道连接电缆

轨道连接电缆又称轨连线,是连接走行轨断电的作用,目的是使回流电流有一个完整的回路,统一回到整流柜负极,每一处的轨连线有 2 ~ 3 根,如图8-1-7所示。

图8-1-6　均流电缆安装图

图8-1-7　轨道连接电缆

单元 8.2　电缆线路的敷设

一、电缆的运输与保管

远距离运输时,要考虑车载能力。期间要吊车装卸,车速要均匀,拐弯或上下坡时更要放慢车速,运输中电缆应立放。

近距离搬运,可采用滚动的方式,滚动方向须顺着电缆盘上箭头所指示的方向。滚动中应注意不要损伤电缆。短接电缆不可在地面上拖拉,要适当盘绕运走。

电缆的存放处要求地面干燥、坚实、道路通畅、易于排水。橡皮、塑料护套电缆应有防日晒措施。保存期间应每 3 日检查一次,木盘应完整,标识应齐全,封端要严密,铠装应无锈蚀。若出现问题要及时处理。

电缆附件与绝缘材料应置于干燥的室内保管,以便防潮。

二、电缆敷设的一般要求

电缆敷设的一般要求主要有如下几点:

(1)敷设时不要破坏电缆沟和隧道的防水层。

(2)在三相四线制系统中使用的电力电缆,不可采用三芯电缆再外加一电缆或电缆金属护套作为中性线的方式。

(3)并联运行的电力电缆其型号、长度应相等。

(4)电缆终端头及中间头附近应留备用长度。

(5)敷设时不可使电缆过分弯曲,不使之受机械损伤,其弯曲半径有规定,如表8-2-1 所示。

电缆弯曲半径与电缆外径比的规定　　　　　　　　　　　　　　　表 8-2-1

电 缆 类 型	多　芯	单　芯
交联聚乙烯绝缘电缆(35kV 以下)	15	20
聚氯乙烯绝缘电缆	10	10
橡胶绝缘电缆	10	10

(6)油浸纸绝缘电缆在垂直或沿陡坡敷设时,在最高点与最低点之间的最大允许高差如表 8-2-2 所示。

电缆最大允许高差　　　　　　　　　　　　　　　表 8-2-2

电压等级(kV)		铅 护 套	铝 护 套
35kV 及以下	铠装	25	25
	无铠装	20	25
干绝缘统铅包		100	—

(7)电缆垂直敷设或超过45°倾斜敷设时,在每个支架上均需固定。水平敷设时则只在电缆首末两端、转弯或接头的两端处固定。各支持点间距可按如表 8-2-3 所示设计。

电缆各支持点间的距离(单位:mm)　　　　　表 8-2-3

敷设方式 电缆种类		支 架 敷 设		钢索悬吊敷设	
		水　平	垂　直	水　平	垂　直
电力电缆	充油电缆	1500	2000	—	—
	其他电缆	1000	2000	750	1500
控制电缆		800	1000	600	750

　　(8)施放电缆时,电缆应从盘的上部引出,用机械牵引时,牵引强度不应大于如表 8-2-4 所示的规定标准。

电缆最大允许牵引强度　　　　　表 8-2-4

牵引方式	牵 引 头		钢 丝 网 套	
受力部位	铜　芯	铝　芯	铅　包	铝　包
允许牵引强度(MPa)	0.7	0.4	0.1	0.4

　　(9)电缆在切断后,应立即用热缩封帽或绝缘胶带将其严密封号,防止潮气进入。

　　(10)电缆敷设时,不易交叉,电缆应排列整齐,加以固定,并及时装设标志牌,标志牌应装在电缆三头、隧道和竖井的两端及人井内,标志牌上应注明电缆线路的编号或电缆型号、电压、起止地点及接头制作日期等内容。

　　(11)电缆进入电缆隧道、沟、井、建筑物、盘柜以及穿入管子时,出入口应封闭。

三、敷设前的准备工作

1. 会审图纸

　　电缆施工图一般包括:电缆线路平面布置图、电缆排列平面图、固定电缆用的零件结构图及电缆清册。

　　一般设计人员要向施工技术人员进行设计交底,施工单位的技术人员在充分理解设计意图与重点、难点技术后要对照有关图纸、图集认真领会、深刻理解图纸并结合施工现场确定施工组织措施。

2. 检查材料

　　施工前结合备料表认真检查材料是否齐全,规格是否正确。

　　(1)剖验电缆。检查电缆的截面、芯数、电压等级、外护层结构、长度等是否与设计相符,并做好记录。同时应检查是否潮湿、测量绝缘电阻并做直流耐压试验。

　　(2)根据电缆头的形式和数量检查所需附件材料。

　　(3)检查连接管、接线端子的规格和电缆芯数是否足够、质量是否合格。

　　(4)电缆保护板、电缆接头保护盒是否足够、质量是否合格。

　　(5)电缆沟金具是否齐全,防锈是否合格。

　　(6)穿越铁路、公路及其他管线处的保护管的长度、规格等是否合格。

3. 验收电缆沟与其他构筑物

　　要仔细检查预埋件设计及施工、电缆沟的排水、施工用道路、盖板以及施工工具等。

四、电缆敷设方式

电缆工程敷设方式的选择应根据工程条件、环境特点和电缆类型、数量等因素确定,且按运行可靠、便于维护的要求和经济技术合理的原则来选择。电力电缆敷设方式一般选择排管敷设、隧道敷设、直埋敷设、电缆沟敷设、水下敷设,以及上述方式相互结合的方式敷设,具体的敷设方法分为人力敷设和机械敷设。电缆敷设方式的选择应根据工程项目中电缆类型及数目,电缆路径特点等因素来选择。

1. 直埋敷设

直埋敷设具有投资省的显著优点,是被广为采用的一种敷设方式。敷设电缆前,应检查电缆表面有无机械损伤;并用 1kV 兆欧表测量绝缘电阻,绝缘电阻一般不低于 10MΩ。

1)一般要求

(1)电缆沟的深度应按有关规划部门提供的标准来决定,必须保证电缆的埋设深度。直埋电缆的深度不应小于 0.7m,穿越农田时不应小于 1m。直埋电缆的沟底应无硬质杂物,沟底铺 100mm 厚的细土或黄沙,电缆敷设时应留全长 0.5% ~1% 的裕度。电缆在 20° ~50° 斜坡地段敷设时坡度小于 30° 以下每 15m 设一个固定桩,30° 以上每 10m 高一固定桩,固定桩为松木、钢筋混凝土、角钢,均作防腐处理。敷设后再加盖 100mm 的细土或黄沙,然后用水泥盖板保护,其覆盖宽度应超过电缆两侧各 50mm,也可以用砖块代替水泥盖板。回填到沟深的 1/2 时,建议铺一层带有警示标志的彩条布。待回填完成后,应在电缆转弯处、中间头处、与其他管线交叉处等特殊位置放置明显的方位标志和标注,以增强防止外力破坏的能力,如图 8-2-1 所示。

(2)电缆穿越道路及建筑物或引出地面高度在 2m 以下部分,均应穿钢管保护。内径不应小于电缆外径的 1.5 倍。两端管口做成喇叭形,管内壁应光滑无毛刺,钢管外面应涂防锈漆。电缆引入引出电缆沟、建筑物及穿入保护管时,出入口和管口应封闭。

(3)交流四芯电缆穿入钢管或硬质塑料管时,每根电缆穿一根管子。单芯电缆不允许单独穿在钢管内,固定电缆的夹具不应有铁件构成的闭合磁路。

(4)地下并列敷设的电缆,中间头的位置需互相错开,防止接头事故时,损伤其他接头。对于电缆与其他管线、建筑物平行和交叉时应按规格的规定执行,不得随意更改。

(5)农村低压电力电缆,一般采用聚氯乙烯绝缘电缆或交联聚乙烯绝缘电缆。在有可能遭受损伤的场所,应采用有外护层的铠装电缆;在有可能发生位移的土壤中(沼泽地、流沙和回填土等)敷设电缆时,应采用钢丝铠装电缆。

2)敷设步骤

(1)挖样洞:在设计的电缆线路上先开挖试样洞以了解土壤情况和地下管线布置,对发现的问题,及时提出解决方法,样洞大小一般长为 0.4 ~0.5m,宽与深为 1m,数量可根据地下管线复杂程度来决定,直线每隔 40m 左右开挖一个。在转弯处、交叉路口和有障碍的地方均需开挖样洞,开挖时不要损坏地下管线设备。

(2)放样:根据设计图纸及开挖样洞的资料决定电缆走向,用石灰画出开挖范围(宽度)。

(3)敷设过路管道:电缆穿越道路铁路时应事先将全部过路导管全部敷设完毕,以便敷设顺利进行。

（4）挖土：挖土时应垂直开挖，不可上宽下狭，也不要掏空挖掘，挖出的土放在距沟边0.3m的两旁。施工地点处于交通道路或繁华地段，其周围应设置遮栏和警告标志。电缆沟的挖掘应满足敷设后的电缆的弯曲半径不小于：

①三芯浸渍纸绝缘电力电缆为15倍。

②单芯浸渍纸绝缘电力电缆为25倍。

③三芯及单芯橡皮和塑料绝缘电缆为10倍，无铠装为6倍。

④纸绝缘控制电缆为10倍。

（5）敷设电缆：一般采用人工展放和机械敷设两种。采用机械牵引进行电缆敷设，具体做法是先沿沟底放好滚轮，将电缆放在滚轮上，使电缆牵引时不至于与地面摩擦，然后用机械和人工两者兼用牵引电缆。

（6）填沟：电缆放入沟底后，经检查合格后上面应覆以100mm软土或砂层，然后盖上水泥保护盖板，电缆少时可盖砖，再回填土。最后在地面上堆高土层200~300mm，以备松土自然沉落，如图8-2-1所示。

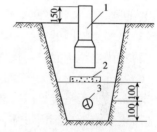

图8-2-1 电缆沟断面(尺寸单位:cm)
1-标示桩;2-盖板;3-电缆

2. 排管敷设

作为城市目前采用最多的一种敷设方式，电缆通道狭窄，城市建设频繁，为更好地利用各种地形，保护电缆安全运行，这是一种最合理的方式。其不足之处为：一是使电缆散热条件下降，降低了载流量；二是建设成本较高。

（1）如果电缆出线较多，直埋敷设有困难，且又不宜修沟时，可采用排管敷设方式。排管内径不应小于电缆外径的1.5倍，埋深应在地下0.7m；人行道下可在0.5m以下。当与其他管线、建筑物平行和交叉时，应按规格的规定执行。每个排管应有20mm的间隙，以保证散热。

（2）排管沟底应以素土垫平夯实，如敷设水泥管应铺设不小于80mm厚的100号的混凝土垫平。

（3）敷设电缆时，排管的管口应打磨圆滑，管内的脏物必须清除干净，防止划伤电缆。为便于检查和维修，分支、接头或转弯处需设置工作井。电缆的接头均应设在井内。

（4）选做穿管用的管材料采用塑料、石棉或水泥管等。比较常用的是采用塑料管。但在选用塑料管材时，应对材料的难稀性、抗冲击性、承压能力做出选择，不宜采用热阻系数较大的管材，目前很多厂商的波纹PVC管性能很好，适于选用。

（5）电缆人井的设置距离，应验算电缆芯线受牵引力时的允许拉力，并应在电缆排管转弯处、终端及直线段每隔75m处设人孔井，井内应有积水坑。

（6）当电缆有中间接头盒时，应放在电缆井中，在接头盒的周围应有防止发生事故而引起火灾延燃的措施。

（7）穿管所用管材。一般采用水泥管或PVC管。水泥管一般用于低压电缆管道，110kV电缆管道大多采用PVC管。PVC管道管壁光滑，安装简便，电缆敷设时摩擦力较小，对外护套损伤较轻。砖砌或预制沟体敷设方式也是一种普遍采用的电缆敷设方式。优点是可以同时容纳许多类型、许多数量的电缆,用电缆支架加以区分隔离。对于高压电缆,敞开式沟体中电缆敷设更安全直观。缺点是沟体占地较宽,不太适合城市地下管线的布置。

3. 电缆在沟内敷设

(1)电缆沟应平整,防止地下水浸入,沟盖齐全。电缆沟内表面应平正,每隔 45 ~ 50m 设置积水坑,电缆沟应有不小于 0.3% 的坡度或排水沟,转角不应小于电缆允许弯曲半径。

(2)敷设在支架上的电缆应分层排列,自上而下,(高压、低压、照明和控制)。

如两侧装设电缆支架,则控制电缆和低压电力电缆尽可能敷设在一侧。电缆架的垂直净距离:电力电缆为 150mm,控制电缆为 100mm。

(3)电缆敷设于沟底时,电力电缆间相互间的水平净距为 35mm。不同级电力电缆间与控制电缆间最小水平净距离不应小于 150mm。

(4)电缆支架间的水平距离:油浸橡塑电缆为 1m,铠装控制电缆为 0.8m。

(5)室内电缆沟盖应与地面相平,当地面容易积水时,可用水泥砂浆将其缝隙填实。

(6)室外电缆沟盖无覆盖层时,其盖板高出地面不小于 100mm;有覆盖层时,盖板在地坪下 300mm,盖板搭接处应有防水措施。

(7)电缆支架应牢固可靠,并作防腐处理。

(8)电缆支架横档至沟顶的距离不宜小于 200mm,至沟底的距离不宜小于 100mm。

五、隧道或地下管廊敷设方式

对城市某些地段,地下管线集中,难以布局,这时必须建设较大空间的地下走廊。根据不同管线,考虑安全合理因素加以安排。在隧道中敷设电缆必须考虑的问题是防火和防潮。

六、电缆在室内外明敷设

(1)电缆沟在钢索上悬吊敷设时,钢索和支持钢索的支架必须经过防腐处理。支架间的距离不宜大于 20m,电缆用挂钩固定,挂点间的最大距离:电力电缆不大于 0.75m,控制电缆不应大于 0.6m。

(2)当电缆在支架上或沿墙敷设,所有零件均要求作防腐处理。

(3)电缆在电杆上应采用抱箍固定,各固定点间的距离不应大于 1.5m。

单元 8.3 电力电缆终端头的制作方法

电缆的连接分为电缆终端头和电缆中间头,通常称电缆终端和接头。电缆终端和接头统称为电缆附件,它们是电缆线路中电缆与电力系统其他电气设备相连接和电缆自身连接不可缺少的组成部分。

一、电力电缆终端的选择

电缆终端的选择应符合以下原则:

(1)优良的电气绝缘性能。终端和接头的额定电压应不低于电缆的额定电压,其雷电冲击耐受电压应与电缆相同。

（2）合理的结构设计。终端和接头的结构应符合电缆绝缘类型的特点，使电缆的导体、绝缘、屏蔽和护层这 4 个结构层分别得到延续和恢复，并力求安装与维护方便。

（3）满足安装环境的要求。终端和接头应满足安装环境对其机械强度与密封性能的要求。电缆终端的结构形式与电缆所连接的电气设备的特点相适应，设备终端和 SF_6 全封闭组合电器终端应具有符合要求的接口装置，其连接金具必须相互配合。户外终端应具有足够的泄漏比距、抗电蚀与耐污闪性能。

（4）符合经济合理原则。电缆终端和接头的各种组件、部件和材料，应质量可靠、价格合理。

二、电缆终端基本技术性能

根据电缆终端的特点，其基本技术要求可归纳为以下 4 点，即良好的导体连接、完善的绝缘性能、可靠的密封措施和足够的机械强度。

1. 导体连接

电缆的导体连接应紧密，连接可靠，并且导体连接处的接触电阻要符合规定。

2. 绝缘性能

电缆终端要有满足电缆线路在各种状态下长期安全运行的绝缘性能，并有一定的裕度。户外电缆终端的外绝缘必须满足装置环境条件（如污秽等级、海拔等）的要求，有一个合适的泄漏比距。电缆终端和接头的试样，应能通过按标准规定的交、直流耐压试验、冲击耐压试验和局部放电试验。户外终端应能承受淋雨和盐雾条件下的耐压试验。

3. 密封结构

确保电缆附件的绝缘性能需要完善而可靠的密封。电缆附件的密封质量，在很大程度上决定了电缆附件的使用寿命。终端和接头的密封结构包括壳体、密封垫圈和热缩管等，要能有效地防止外界水分或有害物质侵入绝缘，并能防止终端或接头中绝缘剂的流失。在终端和接头中采用密封垫圈的装配部位，如金属法兰、壳体和套管的平面或凹槽，必须符合工艺要求，应进行抽样密封试验。电缆接头的密封套，还应同时具有防腐蚀性能。

4. 机械强度

电缆终端和接头应能承受各种运行条件下所产生的机械应力。终端的瓷套管和各种金具，包括上下屏蔽罩、紧固件、底板及尾管等，都应有足够的机械强度。高压电缆户外终端的机械强度应满足使用环境的风力和地震等级的要求，并能承受和它连接的避雷线的水平拉力。固定敷设的电缆接头，其连接点的抗拉强度应不低于电缆导体抗拉强度的 60%。为了保护接头免受机械损伤和腐蚀，在接头处应有保护盒。保护盒外壳与电缆外护层黏合，其中浇注绝缘剂。直埋土壤的接头保护盒应作防腐处理，并能承受路面荷载压力。

三、电力电缆热缩终端头的制作

电力电缆热缩终端头制作要严格按照工艺要求进行。具体制作工艺如下：

1. 剥外护层、锯钢铠装、撕内垫层、铜带屏蔽、半导体和线芯端绝缘

垂直固定电缆，户外端头在距末端 750mm 处（户内端头量取 500mm），在量取处刻一

环形刀痕。顺线路方向破开塑料护层,然后向两侧分开剥除。由断口向上量取 50mm 铠装后绑扎线作临时绑扎,并锯开钢带,剥去上部铠装。用喷灯均匀烘烤后逐层撕去内垫层。

2. 焊接地线

将编织接地铜线一端拆开均分 3 份,将每一份重新编织后分别绕包在三相屏蔽层上并绑扎牢固,锡焊在各相铜带屏蔽上,对铠装电缆需用镀锡钢带线绑在钢铠上并绑扎焊牢再行引下,对无铠装电缆的可直接将接地线引下。在密封段内,用焊锡熔填 15 ~ 20mm 长一段编织防潮段的缝隙,用作防潮段。

3. 安装分支手套

用自黏带式填充胶剂填充三芯分支处及铠装周围,使外形整齐呈苹果状,清洁密封段电缆外护套。在密封段下区做出标记,在编织接地线内层和外层各绕包热熔胶带 1 ~ 2 层,长度约为 60mm,将接地线绕包在当中。套进三芯分支手套,尽量往下,手套下口到达标记处。用慢火先从手指根部向下缓慢环绕加热收缩,完全收缩后下口应有少量胶液挤出。再从手指根部向上缓慢环绕加热收缩手指部至完全收缩。从手套中部开始加热收缩有利于排除手套内的气体。

4. 剥切铜带屏蔽、半导体层、绕包自黏带

从分支手套手指端部向上量 40mm 为铜带屏蔽切断处,先用铜线将铜带屏蔽绑扎再进行切割,切口整齐。保留半导电层 20mm,其余剥除,剥除要干净,不要损伤主绝缘。对残留在主绝缘外表的半导电层,可用细砂布打磨干净。用溶剂清洁主绝缘,用半导电带填充半导电层与主绝缘的间隙 20mm。以半叠包方式绕包一层,与半导电层和主绝缘层各搭接 10mm,形成平滑过渡。从半导电层中间开始向上以半叠包方式绕包自黏带 1 ~ 2 层,统包长度 110mm。半导电带和自黏带统包时,都要先将其拉伸至其原来宽度的 1/2,再进行绕包。

5. 压接线鼻子

线芯末端绝缘剥切长度为接线鼻子孔深加 5mm,线端绝缘削成"铅笔头"形状,长应为 30mm。用压钳和模具进行接线鼻子压接。压后用锉刀修整棱角毛刺。清洁鼻子表面。用自黏带填充压坑及不平之处,并填充线芯绝缘末端与鼻子之间自黏带与主绝缘及接线鼻子各搭接 5mm,形成平滑过渡。

6. 安装应力管

清洁半导电层和铜带表面,清洁线芯绝缘表面,确保绝缘表面没有炭迹,套入应力控制管。应力控制管下端与分支手套手指上端相距 20mm,用微弱火焰自下而上环绕应力控制管加热促其收缩。在应力控制管上端包绕自黏带,使其平滑过渡。

7. 套热收缩管

清洁线芯绝缘表面、应力控制管及分支手套表面。在分支手套手指部和接线鼻子根部,统包热熔胶带(有的配套供货的热收缩管内侧已涂胶,则不必再包热熔胶带)。套入热收缩管,热收缩管下部与分支手套手指部搭接 20mm。用弱火焰自下往上环绕加热收缩。完全收

缩后管口应有少量胶液挤出。在热收缩管与接线鼻子搭接处及分支手套根部,用自黏带拉伸至原来宽度的1/2,以半叠包方式绕包2~3层,包绕长度为30~40mm,与热收缩管和接线鼻子分别搭接,确保密封。

8. 安装雨裙

户外终端头应安装雨裙。清洁热收缩管表面,入三孔雨裙,下落到分支手套手指根部自下而上加热收缩。再在每相上套入两个单孔雨裙,找正后自下而上加热收缩。电缆终端头如图8-3-1所示。

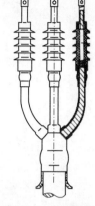

图 8-3-1　电缆终端头

四、电力电缆冷缩终端头制作

冷缩电缆终端头是利用弹性体材(常用的有硅橡胶和乙丙橡胶)在工厂内注射硫化成型,再经扩径、衬以塑料螺旋支撑物构成各种电缆附件的部件。现场安装时,将这些预扩张件套在经过处理后的电缆末端或接头处,抽出内部支撑的塑料螺旋条(支撑物),压紧在电缆绝缘上而构成的电缆附件。因为它是在常温下靠弹性回缩力,而不是像热收缩电缆附件要用火加热收缩,故俗称冷收缩电缆附件。

早期的冷收缩电缆终端头只是附加绝缘采用硅橡胶冷缩部件,电场处理仍采用应力锥形式或应力带绕包式。现在普遍都采用冷收缩应力控制管,电压等级从10~35kV。冷缩电缆终端头,1kV级采用冷收缩绝缘管作增强绝缘,10kV级采用带内外半导电屏蔽层的接头冷收缩绝缘件。

三芯电缆终端分叉处采用冷收缩分支套。冷收缩电缆终端头具有体积小、操作方便、迅速、无须专用工具、适用范围宽和产品规格少等优点。与热收缩式电缆附件相比,不需用火加热,且在安装以后挪动或弯曲不会像热收缩式电缆附件那样出现附件内部层间脱开的危险(因为冷缩电缆终端头靠弹性压紧力)。与预制式电缆附件相比,虽然都是靠弹性压紧力来保证内部界面特性,但是它不像预制式电缆附件那样与电缆截面一一对应,规格多。

必须指出的是,在安装到电缆上之前,预制式电缆附件的部件是没有张力的,而冷缩电缆终端头是处于高张力状态下,因此必须保证在储存期内,冷收缩式部件不应有明显的永久变形或弹性应力松弛,否则安装在电缆上以后不能保证有足够的弹性压紧力,从而不能保证良好的界面特性。

1.10kV 三芯电缆冷缩电缆终端头

(1)按制造厂提供的安装说明书规定的尺寸剥去电缆外护层、钢带(若有钢带)、内护层及线芯间填料(钢带剥切长度主要由线芯允许弯曲半径和规定的相间距离来确定,但需考虑与所提供的套在线芯上的冷缩护套管长度相适配)。内护层留10mm,钢带留25mm。然后将电缆端部约50mm长一段外护层擦洗干净。

(2)安装接地线。在钢带以上约65mm处的线芯铜屏蔽上分别安装接地铜环,并用恒力弹簧将接地编织铜线和3条钢带一起固定在钢带上。若要求钢带与线芯屏蔽分开接地,则应另取10mm^{2}编织铜线用恒力弹簧固定在钢带上,然后用绝缘带绕包覆盖,再将线芯屏蔽接地编织铜线与3根线芯接地铜带连接引出。注意:钢带接地线和线芯屏蔽接地线在终端头内不可有电气上的连通。为了防止水汽沿接地线进入电缆,在外护层上先用防水带包2层,将接地线夹在中间,外面再包2层防水带。

(3)安装冷收缩分支套。将冷收缩分支套置于线芯分叉处,先抽出下端内部塑料螺旋条,然后再抽出三个指管内部塑料螺旋条,在线芯分叉处收缩压紧。

(4)安装冷收缩护套管。将三根冷收缩护套管分别套在3根线芯上、下部覆盖分支套指管15mm,抽出管内塑料螺旋条,线芯铜屏蔽上收缩压紧。若为加长型户内终端头,则用同样方法收缩第二根冷收缩护套管,其下端与第一根搭接15mm。护套管末端到线芯末端长度应等于安装说明书规定的尺寸。

(5)从护套管口向上留一段铜屏蔽(户外终端头留45mm,户内终端头留30mm),其余剥去。留下10mm半导电层,其余半导电层剥去,并按接线端子孔深加10mm剥去线芯末端绝缘。

(6)从铜屏蔽带末端10mm处开始绕包半导电带直到覆盖电缆绝缘10mm,然后返回到铜屏蔽带上,要求半导电带与绝缘交界处平滑过渡(无明显台阶)。

(7)压接接线端子。

(8)安装冷收缩绝缘件。先用清洗剂擦净电缆绝缘及接线端子压接处.并在包绕半导电带及附近绝缘表面涂少许硅脂。套入冷收缩绝缘件到安装说明书所规定的位置,抽出塑料螺旋条,在电缆绝缘上收缩压紧(若接线端子平板宽度大于冷收缩绝缘件内径时,则应先安装冷收缩绝缘件,然后压接接线端子)。

(9)用绝缘橡胶带包绕接线端子与线芯绝缘之间的间隙,外面再包绕耐漏痕带。

(10)在三相线芯分支套指管外包绕相色标志带。

2.35kV单芯电缆终端头

35kV单芯电缆终端头比10kV三芯电缆终端头的结构和工艺简单,不需要安装分支套和线芯上的护套管,其余和三芯电缆终端头基本相同。

单元8.4 电力电缆故障巡测及运行维护

一、电缆故障类型

按照故障性质可划分为以下几种类型。

1.接地故障

电缆一芯或者多芯接地而发生故障。电缆绝缘由于各种原因被击穿后,通常发生这类故障。其中又可分为低阻接地故障和高阻接地故障。一般电阻在100kΩ以下为低阻接地故障,在100kΩ以上为高阻接地故障。在实际应用中,将能直接用低压电桥测量的故障称为低压故障,而要进行烧穿或者用高压电桥进行测量的故障称为高阻故障。

2.短路故障

电缆两芯或者三芯短路而发生故障。这类故障通常是由于电缆绝缘被击穿而引起,也可分为高阻短路故障和低阻短路故障。划分原则与接地故障相同。

3. 断线故障

电缆线芯中一芯或者多芯断开。这类故障通常是由于电缆线芯被短路电流烧断或者在外力损伤时被拉断。按照其故障点对地电阻的大小，也可分为低阻故障和高阻故障。实际应用中，故障电缆的电容比较容易测量，用电容量的大小判断故障是低阻还是高阻比较方便。

4. 闪络性故障

这类故障多数发生在电缆线路运行前的电气试验中，并大都出现在电缆接头和终端内。

5. 混合故障

同时具有上述两种故障的称为混合故障。

二、电力电缆发生故障的基本原因

1. 电缆本体导体烧断或拉断

(1)直接受到外力损伤。

(2)其他设备故障损伤，如其他电力设备引发极大的短路电流通过电缆本体，烧断电缆导体。

(3)自然现象造成损伤，如地基下沉、地震等引起过大拉力，拉断电缆。

2. 电缆本体绝缘被击穿

(1)绝缘质量不符合要求，如设计失误、制造不良和施工不良。

(2)绝缘受潮，由腐蚀、外力、摩擦或制造不良引起的受潮。

3. 绝缘老化变质

略。

4. 电缆附件故障

(1)绝缘击穿，由于施工不良、绝缘材料不良、油绝缘电缆的绝缘剂流失、绝缘剂干枯、污闪等。

(2)导体断裂。

三、电力电缆故障的检测方法和步骤

1. 故障性质的辨别

根据故障发生在施工完成后的试验中或电缆运行中，通过绝缘电阻试验和导通试验来辨别故障性质，从而确定正确的寻测方法。

2. 故障寻测(测距)

1)电桥法

用低压电桥测量电缆低阻击穿，主要是利用电阻的大小跟电缆长度成正比，利用电桥原理测出故障相电缆的端部与故障点之间的电阻大小，并将它与无故障做比较，进而确定故障点的距离。用电容电桥测量电缆开路、断线，当电缆呈断路性质时，由于直流电桥测量臂未能构成直流通路，所以采用电阻电桥法将无法测量出故障距离，只有采用电容电桥法，并用高压电桥法测泄漏性高阻击穿。

2）驻波法

根据微波传输原理,利用传输线的驻波谐振现象,对故障电缆进行测试,本方法适用于测低阻及开路故障。

3）脉冲法

利用传输线的特性阻抗发生变化时的回波现象,在电缆线芯中加一定的电压,使其不击穿而产生放电故障。放电脉冲在电缆中传播及反射,用数字示波器测出 3 个脉冲的位置比例,算出故障点位置,本方法适用于高阻击穿。

4）闪络法

用直闪法测闪络性高阻故障,用冲闪法测泄漏性高阻故障,即能测试电缆所有故障,此方法能解决其他方法难以解决的高阻故障。直流高压闪络法适用于闪络性故障,即闪络点没有形成电阻通道,但电压升高到一定时而产生闪络现象。冲击高压闪络法只适用于没有电阻通道的闪络故障。

3. 故障精确定点

1）音频法

音频法主要用于低阻故障,测电缆开路和断路故障的定位,用音频信号发生器发送音频电流,电力电缆会发出电磁波,在电力电缆故障点附近的地面上用探头沿被测电力电缆走向接收电磁场变化信号,将信号放大后送入耳机或指示仪表检测信号的变化情况,根据耳机中声响的强弱或仪表指示值的大小定出故障的位置。在电力电缆故障点的音频信号最强。

2）声测法

声测法主要用于高阻故障。加脉冲直流高压在故障电缆芯线和铜带之间,使故障点产生间歇放电,引起电磁波辐射和机械的音频振动,在地面用声波接收器探头拾取振波,根据振波强弱很容易准确判定故障点的位置。

四、ZT9608-Q 电缆故障全自动综合测试仪测试说明

1. 测试导引线介绍

如图 8-4-1 所示,测试导引线的末端一共带有 3 个鳄鱼夹。当采用脉冲测试法时,只使用带有红色鳄鱼夹和黄色鳄鱼夹的两根线;当采用智能电桥测试法时,使用全部 3 根线。

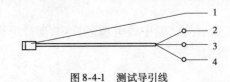

图 8-4-1 测试导引线

1-测试插头;2-红色鳄鱼夹;3-黄色鳄鱼夹;4-黑色鳄鱼夹

2. 故障测试步骤

线路出现故障后,应该首先使用测量台、兆欧表和万用表等工具确定线路故障的性质和严重程度,以便选择适当的测试方法。

测试人员了解线路走向和故障情况,有助于迅速确定故障点。当电缆发生故障后,对故障发生的时间、产生故障的范围、电缆线路所处的环境、接头与人孔井的位置、天气的影响及

可能存在的问题等,进行综合考虑。根据测量的结果,粗略判断一下故障的段落。

1)选择测试方法

本仪器的测试方法有脉冲测试法和智能电桥测试法。故障电阻小于几百至几千欧时,称为低阻故障,反之称为绝缘不良或高阻故障。高阻和低阻之间没有明确的界限。

脉冲法适合于测试断线和低阻混线故障。比较严重的绝缘不良故障,有时也能用脉冲法测试。脉冲法操作直观、简便、不需要远端配合,在测试时应首先使用。

电桥法能够测试高阻绝缘不良故障,但需要找出一根好线,而且需要在远端配合,测试的准备工作也比较烦琐。应在确认脉冲测试法不能测试后再使用电桥法。

2)故障测距

测试时,应首先断开与故障线对相连的局内设备。先在局内测试,确定出故障点的最小段落,然后到现场进行复测,确定故障点的精确位置。

3)故障定点

根据仪器测试的结果,对照图纸资料,标定出具体故障点的位置。图纸资料不全或有误时,可以根据所掌握的电缆线路情况,估计出故障点的大致位置,然后根据故障情况,结合周围环境,分析故障原因,直至找到故障点。例如,在估计的范围内有接头,就大致可以判断故障点在接头内。量程越远,测量误差越大。

3.脉冲测试法

脉冲测试法适合于测试断线和低阻故障。

1)脉冲测试法中的几个基本概念

(1)波形。脉冲测试法靠波形来反映电缆的故障情况,正确理解波形是使用脉冲测试法的关键。由于仪器内设有自动阻抗平衡电路,可以将发射脉冲的幅度压缩的很小,基本上只显示反射脉冲,更便于观察。因此,在测试时波形应是像图8-4-2、图8-4-3的形状。

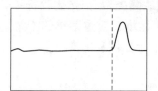
图8-4-2　断线故障波形向上

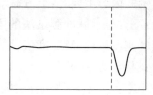
图8-4-3　混线故障波形向下

(2)故障点标定。反射脉冲波形的起始点(如图8-4-2所示中虚线的位置)是故障位置。屏幕的最左侧作为发射脉冲的起始点,将光标移动到故障反射脉冲波形起始点,此时屏幕上方显示的距离值就是故障距离。自动测试时仪器能够自动把光标移动到故障反射脉冲的起始点,但有时需要手动修正光标的位置。光标在其他位置时,显示的距离值没有实际意义。

(3)量程。仪器的最大测试距离是8km,开机后自动设定为256m。屏幕上显示的是选定量程内的电缆测试波形。假如测试一条1500m长的电缆,可以从最小的256m开始测试,并逐步增加测试量程,直至能显示全长的2km量程。自动测试时,仪器自动从最小量程开始测试,直到最大量程。

(4)波速度。脉冲在电缆中的传播速度称为波速度。从脉冲测试法的测试原理可知,测距实际上是在测时间,时间乘以脉冲传播速度得到距离值,因此必须首先知道精确的波速度。经试验得知,波速度只与电缆芯线的绝缘材料有关。例如,全塑电缆的波速度为201 m/μs(201米每微秒)。仪器预存了几种常用电缆的波速度值,可以用选择电缆的方法设定波速度。由于生产厂家和生产工艺的不同,相同类型的电缆的波速度可能略有差异,可以通过测试来校准。

(5)增益。增益是指仪器对反射脉冲的放大倍数,调节增益可以改变如图8-4-4所示屏幕上所显示波形的幅值,选择"设置"按钮反色为"设置"按钮凹陷后,单击"增益 +"按钮或"增益 −"按钮增大或减小增益。反射脉冲的幅值调到接近于满屏为最佳。自动测试时仪器自动调节增益。

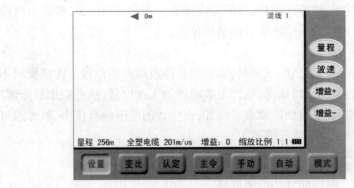

图 8-4-4　屏幕界面

(6)阻抗平衡。仪器内部有一平衡电阻网络,通过调节使之与电缆的特性阻抗相匹配,以尽量减小仪器发射脉冲对接收信号的影响,突出反射脉冲,便于判断故障点。自动测试时仪器自动调节阻抗平衡。

屏幕上显示的内容主要有:上方显示故障距离、故障类型、记忆比较符号等;屏幕正中央显示测试波形;下方显示脉冲测试法的主菜单;右侧显示对应主菜单的子菜单,白色显示区下方显示当前的测试量程、波速度值、增益值、波形显示比例和电池电量。

2)脉冲测试接线方法

(1)接好测试导引线:将测试导引线插到仪器"测试口"上。请注意插头上有定位槽。

(2)脉冲测试接线:若芯线间存在故障,将红色和黄色鳄鱼夹分别夹故障线对的两根芯线;若为接地(铅皮)故障,将红色和黄色鳄鱼夹分别夹故障芯线和地。脉冲测试法下黑色鳄鱼夹不用,红色和黄色鳄鱼夹不加区分。

3)自动测试

一般先进行自动测试,当情况比较复杂,自动测试没有得到正确结果时,再改用手动测试,如图8-4-4所示。

(1)自动测试。单击"自动"按钮,仪器将从小到大,搜索每一个量程,最后在波形显示区显示距离最近的一个可疑点的波形,在屏幕上方显示故障距离和故障性质。

(2)查看可疑点。自动测试完后,可选择"认定"按钮后选择"疑点"按钮,再单击"后退"按钮和"前进"按钮可翻看其他疑点,若单击"后退"按钮和"前进"按钮后疑点1没有变化,则表明只有一个疑点。

4. 排除假的可疑点

仪器给出的可疑点,有些不是真正的故障点,需要人工排除。例如,已知电缆全长是500m,那么故障距离肯定小于 500m,500m 左右的可疑点是电缆末端反射,是电缆全长 2 倍的可疑点是二次反射,都不是故障点。又比如,已知电缆是混线故障,则所有显示为断线故障的可疑点都不可能是故障点。

5. 调整波速度

如果当前电缆波速度与实际情况不符,可选择"设置"按钮后选"波速"按钮,则可选择不同的电缆类型所对应的波速度,或者选择自选类型电缆后手动输入合适的波速度。

6. 微调光标,精确定位

如果认为仪器自动标定的故障距离不够精确,可以在选择"认定"按钮 或者 "主令"按钮后,单击"后退"按钮和 "前进"按钮来调整光标的位置。

7. 平衡和增益调节

如果当前显示波形的平衡或幅值不太理想,可以在选择"认定"按钮后,单击"当前"按钮进行自动平衡和增益调节。

8. 已知电缆全长的自动测试

若已知电缆的全长,可以先选择仪器的测试量程,然后再选择"认定"按钮后单击"以近"按钮,则仪器在这个量程内搜索可疑点,从而缩小了搜索的范围,更易于判断故障点。

五、电缆的巡视

(1)巡视检查周期如下:

①敷设在土里、隧道中、沟道中、沿桥梁架设的电缆,每 3 个月一次。

②竖井内敷设的电缆,至少每半年一次。

③变配电站内的电缆终端头可按高压配电装置的巡视与检查周期进行。

④室外电缆终端头,应每月一次。

⑤暴雨后,对有可能被雨水冲刷的地段,应进行特殊巡视。

⑥根据季节的特点,应增加巡视检查次数。

(2)电缆线路巡视检查的主要内容:

①对敷设在地下的每一条电缆线路,应查看路面是否正常,有无挖掘痕迹及路线标桩是否完整无缺等。

②电缆线路上严禁搭接建筑物和其他设施,且不应堆置瓦砾、矿渣、建筑材料、笨重物件、酸碱性排泄物或砌堆石灰坑等。

③对于室外露出地面上的电缆的保护钢管或角钢,有无锈蚀移位现象,其固定是否可靠牢固。

④引入室内的电缆穿管是否封堵严密。

⑤沟道的盖板是否可靠且完整无缺。

⑥沟道及隧道内的电缆支架是否牢固,有无锈蚀现象。

⑦人孔井内的积水坑有无积水,墙壁有无裂缝或渗漏水,井盖是否完整。

⑧沟道及隧道中是否有积水或杂物。

⑨电缆沟进出房屋处,有无渗、漏水现象。

⑩电缆的各种标志牌有无脱落。

⑪塑料护套电缆有无被鼠咬伤的痕迹。

⑫终端头的绝缘套管应完整、清洁、无闪络放电现象。

⑬引线与接线端子的接触是否良好,有无发热现象。

⑭终端头绝缘胶是否塌陷,有无软化现象。

⑮相位颜色是否明显,是否与电力系统的相位相符。

⑯接地线是否良好,有无松动及断股现象。

⑰电缆中间接头有无变形,温度是否正常。

(3)洪汛期间或暴雨过后应对电缆线路进行特殊巡视检查,巡视检查内容如下:

①电缆线路上的地面有无严重的冲刷现象。

②电缆线路附近地面有无严重塌陷。

③室外电缆沟道的泄水是否通畅。

④人孔井内有无积水和淤泥。

⑤室内电缆沟和电缆隧道内是否进水。

(4)对于通过桥梁的电缆,应检查桥梁两端电缆是否拖拉过紧,保护管或槽有无脱开或锈蚀现象。

(5)巡视检查后,巡线人员应将巡视检查结果,记入巡视记录簿。巡视检查中发现的设备缺陷,应按缺陷流程及时汇报,并根据其严重程度安排处理。

(6)电缆巡视安全的注意事项:

①电缆巡视人员必须穿戴反光马夹,必须两人以上进行工作。

②电缆巡视人员进入区间内巡视电缆前必须得到车站行值人员的同意,并做好登记,出洞后必须注销。

③随身携带的工具、材料必须在开工前和完工后进行清点,防止遗漏。

④在工作过程中,不得触动与工作无关的设备和电缆,严禁将工具、导线等其他物件遗落在钢轨上或影响行车的地点。

⑤进入电缆井前,应排除井内浊气,电缆井内工作,应戴安全帽,并做好防火、防水及高空落物等措施,电缆井口应有专人看守。

六、电缆检修

对检查出的缺陷,电缆运行中发生的故障及在预防性试验中发现的问题都要采取对策予以消除。一般维修项目主要有:

(1)为防止在电缆线路上挖掘损伤电缆,挖掘时必须有电缆专业人员在现场守护,并告知施工人员有关注意事项。

(2)对户内外电缆及终端头要定期清扫电缆沟终端头及瓷套管,并检查电缆情况,用摇表测量绝缘电阻,检查油漆支架及电缆夹,修理电缆保护管,检查接地电阻等。

（3）管道及电缆沟,抽除积水,清除污泥,检查油漆电缆支架挂钩,检查电缆及接头情况,对油浸电缆要特别注意有无漏油,接地是否良好。

（4）防止电缆腐蚀,检查有无电缆腐蚀现象。

（5）电缆发生故障后,必须立即进行修理,以免扩大损坏范围。

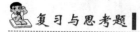复习与思考题

1. 电力电缆由哪几部分构成以及是如何分类的?

2. ZLQP、XTV 分别代表哪种型号的电缆?

3. 电缆敷设有哪些要求?

4. 电缆敷设有哪几个步骤?

5. 电缆终端有哪些基本性能?

6. 电缆终端头有哪几种制作方式,各有什么特点?

7. 电力电缆故障有哪些类型?

8. 电力电缆故障是由哪些因素造成的?

9. 电力电缆故障寻测有哪几种方法?

10. 电缆巡视有哪些内容?

11. 电缆维修项目有哪些?

单元9　高压电气设备防雷与接地

[课题导入]

　　为了确保城市轨道交通供电系统的安全运行,除了设置继电保护外,还必须设置防雷设备,同时还要对高压电气设备进行科学合理的接地,以保证系统安全稳定的运行。本单元主要介绍过电压的基本形式,高压电气设备防雷装置,接地的类型,雷电放电的基本过程、雷电的主要参数和主要的防雷设备,变电站直击雷保护和雷电波沿输电线路入侵变电站的防雷保护,供电系统中几种操作过电压的产生原因、产生的物理过程、特性和防护,影响过电压大小的因素及限制过电压的措施以及接地装置的安装等。

[学习知识目标]

　　1.了解高压电气设备过电压的种类。

　　2.掌握内部过电压的几种形式。

　　3.了解大气过电压的基本形式。

　　4.理解大气过电压的基本原理。

　　5.掌握过电压的预防。

　　6.掌握避雷装置的防护的基本原理。

　　7.掌握避雷针的作用。

　　8.了解避雷器的种类。

　　9.掌握电气设备接地的方法。

[学习能力目标]

　　1.具备接地装置安装的能力。

　　2.能掌握高压电气设备接地方法。

　　3.能掌握哪些高压电气设备需要接地。

　　4.能认知防雷装置设备的能力。

[建议学时]

　　10学时。

单元9.1　高压电气设备过电压

　　过电压是指在电气设备或线路上出现的超过正常工作要求并对其绝缘构成威胁的电压。供电系统工作的可靠性,主要取决于其绝缘能否耐受作用于其上的各种电压。

在供电系统正常运行情况下,系统中设备只承受电网的额定电压作用,但是由于各种原因,供电系统中的某些部分的电压可能升高,甚至大大超过正常状态下的电压,危及电气设备的绝缘,这种危及电气设备绝缘的过电压按产生原因可分为内部过电压和大气过电压。

一、内部过电压

1. 内部过电压概述

内部过电压主要指在城市轨道交通供电系统内部,由于高压开关设备操作、事故切换、负荷骤变或由于故障,而使供电系统参数发生变化,从而引起系统内部电磁能量转化或传递的过程中,将在城市轨道交通供电系统中引起的过电压。

2. 内部过电压分类

内部过电压主要分为操作过电压和暂时过电压等。

1)操作过电压

操作过电压因操作或故障引起的暂态电压升高,即电磁过渡过程中的过电压,一般在合闸后 0.1s 内的电压升高。操作过电压发生在由于"操作"引起的过渡过程,例如,分、合闸空载线路,分、合闸空载变压器,电抗器,接地故障,断线故障等。系统的运行状况发生突然变化,导致系统内部电感元件和电容元件之间电磁能量的互相转换,常常是高幅值、强阻尼的、振荡性的过渡过程的操作过电压。

常见的操作过电压主要有中性点不接地系统中的电弧接地过电压,空载变压器分闸过电压(开断电感性负载,还包括电抗器、高压电动机等),空载线路分闸过电压(开断电容性负载,还包括电容器组等),空载线路合闸过电压(包括计划性、重合闸)等。

2)暂时过电压

暂态电压后出现的持续时间较长的工频电压升高或谐振现象,对于暂时过电压具有稳态性质。它主要有工频过电压和谐振过电压。

(1)工频过电压。在正常或故障时出现幅值超过最大工作相电压、频率为工频或接近工频的电压升高,或称工频电压升高。一种是由于发电机的调压装置的惰性和线路的电容效应,持续周期在 0.1 ~ 1s 内的电压升高称为暂时工频电压升高;另一种是持续周期大于 1s 后,发电机自动电压调整器发生作用,电压下降,2 ~ 3s 后,系统进入稳定状态,这时主要是长线路电容效应引起的稳态工频电压升高。

(2)谐振过电压。由于操作或故障使系统电感元件与电容元件参数匹配时,发生谐振,产生过电压 。当系统进行操作或发生故障时,电力变压器、互感器、发电机、消弧线圈、电抗器和线路导线电感等电感元件和线路导线对地和相间电容、补偿用的并联和串联电容器组、高压设备的杂散电容等电容元件可形成各种振荡回路,如某一自由振荡频率等于外加强迫频率,发生谐振,系统元件上出现过电压。

内部过电压的能量来自电力系统本身,经验证明,内部过电压一般不超过系统正常运行时额定相电压的 3 ~ 4 倍,对电力线路和电气设备绝缘的威胁不是很大。

二、大气过电压

1. 大气过电压概述

大气过电压,又称雷电过电压或外部过电压,它是由于雷击电气设备而产生的。雷电这种现象极为频繁,在没有专门的保护设备时,雷电放电产生的过电压可达数百万伏,这样的过电压足以使任何额定电压的设备绝缘发生闪络和损坏。在供电系统中,高压架空输电线路纵横交错,广泛分布在广阔的地面上,更容易遭受雷击,以致破坏电气设备引起停电事故,给国民经济和人民生活带来严重损失。因此,研究雷电的基本现象及其防止雷电过电压的措施是确保电力系统安全可靠运行的一项刻不容缓的任务。

雷电过电压是由于电力系统中的设备或建筑物遭受来自大气中的雷击或雷电感应而引起的过电压。

雷电冲击波的电压幅值可高达 1 亿 V,其电流幅值可高达几十万安,对电力系统的危害远远超过内部过电压。其可能毁坏电气设备和线路的绝缘,烧断线路,造成大面积、长时间的停电。因此,必须采取有效措施加以防护。

2. 大气过电压的种类

1) 直击雷过电压

当雷电直接击中电气设备、线路或建筑物时,强大的雷电流通过其流入大地,在被击物上产生较高的电位降,称直击雷过电压。

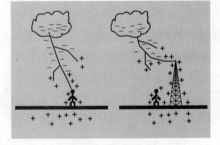

图 9-1-1 直击雷过电压

直击雷的雷云直接对地面建筑物或人放电,有时雷云很低,周围又没有带异性电荷的雷云,这样有可能在地面凸出物上感应出异性电荷,在雷云与大地之间形成很大的雷电场。当雷云与大地之间在某一方位的电场强度达到 25~30kV/cm 时就开始放电,这就是直击雷。据观测,在地面上产生雷击的雷云多为负雷云,如图 9-1-1 所示。

2) 感应雷过电压

雷云通过静电感应或电磁感应,在附近的金属体上产生感应电压,当雷云在架空线路上方时,使架空线路感应出异性电荷。雷云对其他物体放电后,架空线路上的电荷被释放,形成自由电荷流向线路两端,产生电位很高的过电压,称感应雷过电压,如图 9-1-2 所示。

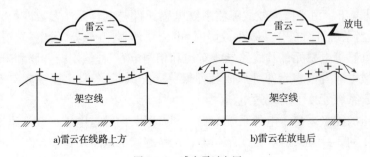

a) 雷云在线路上方　　　　　b) 雷云在放电后

图 9-1-2 感应雷过电压

架空线路上的感应过电压可达几万甚至几十万伏,对供电系统的危害很大。

3. 雷云对地放电的过程

雷电是一种自然现象,人们对这种现象的科学认识是从 18 世纪才开始的。富兰克林通过他的著名风筝试验提出了雷电是大气中的火花放电理论;罗蒙·诺蒙夫提出了关于乌云起电的学说。以后又有一些科学家对雷电现象不断地做出了许多研究,但至今对雷云如何会聚集起电荷还没有获得比较满意的解释。目前,一般认为包含大量水滴的积雨云并伴有强烈的高空气流是形成雷云的条件。

实测表明,对地放电的雷云绝大多数带有负电荷,在雷云电场的作用下,大地被感应出与雷云极性相反的电荷,就像一个巨大的电容器,其间的电场强度平均小于 $1kV/m$,但雷云个别部分的电荷密度可能很大,当雷云附近某一部分的电场强度超过大气的绝缘强度时,就使空气游离,放电由此开始,叫作先导放电。当先导通道到达地面或与地面目标上发出的迎面先导相遇时,雷云及大地极性相反的巨量电荷相向运动,巨量电荷互相中和形成巨大的放电电流,叫作主放电。主放电之后剩余少量电荷继续中和,虽然电流较小但时间较长,称为余辉放电。

作为工程技术人员,所关心的主要是雷云形成以后对地面的主放电。几十年来,人们对雷电进行了长期的观察和测量,积累了不少有关雷电参数的资料,尽管目前有关雷电发生和发展过程的物理本质尚未完全掌握,但随着对雷电研究的不断深入,雷电参数不断地修正和补充,使之更符合客观实际。

4. 雷击时的等值电路

雷击地面由先导放电转变为主放电的过程可以用一根已充电的垂直导线突然与被击物体接通来比拟。被击物体与大地(零电位)之间的阻抗,是先导放电通道中电荷的线密度,开关未闭合之前相当于先导放电阶段。当先导通道到达地面或与地面目标上发出的迎面先导相遇时,主放电即开始,相当于开关合上。此时将有大量的正、负电荷沿先导通道逆向运动,并使其中来自雷云的负电荷中和。与此同时,主放电电流即雷电流流过雷击点并通过阻抗,此时电位也突然上升。显然,电流的数值与先导通道的电荷密度及主放电的发展速度有关,并且还受阻抗的影响。因为先导通道的电荷密度很难测定,主放电的发展速度也只能根据观测大体判断,唯一容易测知的量是主放电以后(相当于开关合上以后)流过阻抗的电流。

单元 9.2　防 雷 装 置

一、概述

在城市轨道交通供电系统中出现过电压的原因很多。由于外部原因造成的有雷击过电压、电磁感应过电压和静电感应过电压;由于内部原因造成的有操作过电压、谐振过电压以及来自变压器高压侧的过渡电压或感应电压。

1. 防雷工作

防雷工作主要包括电气设备的防雷和建筑物的防雷两大内容。对于城市轨道交通供电系统电气设备的防雷主要包括变电站、配电站和电力线路的防雷,而建筑物的防雷主要指工业和民用建筑两类。

2.防雷措施

主要的防雷措施主要有3方面:

(1)阻挡。防雷设备把雷电过电压等阻挡在建筑物或电气设备外,可采用的设备主要有避雷针、避雷线、避雷网和避雷带等。

(2)疏导。通过防雷装置把电压或电流消失到大地中,可采用的主要设备如避雷器等。

(3)减小电压电流的幅值。对已经侵入被保护的电气设备中,要采取措施削减它的幅值,可采用的设备主要有电感线圈和电容等。

3.防雷装置

常用的防雷装置有接闪网(避雷网)、接闪带(避雷带)或接闪杆(例如避雷针)及避雷器等。

二、直击雷防护

在我国直接雷防护系统的设计和施工应遵从《建筑物防雷设计规范》(GB 50057—2010),本规范规定防雷装置主要由外部防雷装置和内部防雷装置组成,其中外部防雷装置由接闪器、引下线和接地装置组成,内部防雷装置由防雷等电位连接和与外部防雷装置的间隔距离组成。以下重点介绍外部防雷装置。

为了保护电气设备,防止直接雷击,可采用接闪网(避雷网)、接闪带(避雷带)或接闪杆(例如避雷针),也可采用由接闪网、接闪带或接闪杆混合组成的接闪器。

1.接闪器

避雷针(图9-2-1)、避雷线、避雷网和避雷带都是接闪器,它们都是利用其高出被保护物的突出地位,把雷电引向自身,然后通过引下线和接地装置,再把雷电流泄入大地,以此保护被保护物免受雷击。接闪器所用材料应能满足机械强度和耐腐蚀的要求,还应有足够的热稳定性,以能承受雷电流的热破坏作用。

图9-2-1　避雷针

2.引下线

防雷装置的引下线应满足机械强度、耐腐蚀和热稳定的要求。引下线的材料、结构和最小截面应按《建筑物防雷设计规范》(GB 50057—2001)如表9-2-1所示的规定取值。

接闪线(带)、接闪杆和引下线的材料、结构与最小截面　　　　　　表9-2-1

材　料	结　　构	最小截面(mm^2)	备　注 ⑩
铜,镀锡铜①	单根扁铜	50	厚度2mm
	单根圆铜⑦	50	直径8mm
	铜绞线	50	每股线直径1.7mm
	单根圆铜③④	176	直径15 mm
铝	单根扁铝	70	厚度3mm
	单根圆铝	50	直径8mm
	铝绞线	50	每股线直径1.7mm

续上表

材 料	结 构	最小截面(mm²)	备 注 ⑩
铝合金	单根扁形导体	50	厚度2.5mm
	单根圆形导体③	50	直径8mm
	绞线	50	每股线直径1.7mm
	单根圆形导体	176	直径15mm
	外表面镀铜的单根圆形导体	50	直径8mm,径向镀铜厚度至少70μm,铜纯度99.9%
热浸镀锌钢②	单根扁钢	50	厚度2.5mm
	单根圆钢⑨	50	直径8mm
	绞线	50	每股线直径1.7mm
	单根圆钢③④	176	直径15mm
不锈钢⑤	单根扁钢⑥	50⑧	厚度2mm
	单根圆钢⑥	50⑧	直径8mm
	绞线	70	每股线直径1.7mm
	单根圆钢③④	176	直径15mm
外表面镀铜的钢	单根圆钢(直径8mm)	50	镀铜厚度至少70μm,铜纯度99.9%
	单根扁钢(厚2.5mm)		

注:①热浸或电镀锡的锡层最小厚度为1μm。

②镀锌层宜光滑连贯、无焊剂斑点,镀锌层圆钢至少22.7g/m²、扁钢至少32.4g/m²。

③仅应用于接闪杆。当应用于机械应力没达到临界值之处,可采用直径10mm、最长1m的接闪杆,并增加固定。

④仅应用于入地之处。

⑤不锈钢中,铬的含量等于或大于16%,镍的含量等于或大于8%,碳的含量等于或小于0.08%。

⑥对埋于混凝土中以及与可燃材料直接接触的不锈钢,其最小尺寸宜增大至直径10mm的78mm²(单根圆钢)和最小厚度3mm的75mm²(单根扁钢)。

⑦在机械强度没有重要要求之处,50mm²(直径8mm)可减为28mm²(直径6mm),并应减小固定支架间的间距。

⑧当温升和机械受力是重点考虑之处,50mm²加大至75mm²。

⑨避免在单位能量10MJ/Ω下熔化的最小截面是铜为16mm²、铝为25mm²、钢为50mm²、不锈钢为50mm²。

⑩截面积允许误差为−3%。

3.接地装置

接地装置是防雷装置的重要组成部分。接地装置向大地泄放雷电流,限制防雷装置对地电压不致过高。除独立避雷针外,在接地电阻满足要求的前提下,防雷接地装置可以和其他接地装置共用。接地装置应符合《建筑物防雷设计规范》(GB 50057—2010)中的规范和规定,如表9-2-2所示。

接地体的材料、结构和最小尺寸　　　　　　表 9-2-2

材　料	结　构	最　小　尺　寸			备　注
		垂直接地体直径（mm）	水平接地体（mm²）	接地板（mm）	
铜、镀锡铜	铜绞线	—	50	—	每股直径 1.7mm
	单根圆铜	15	50	—	—
	单根扁铜	—	50	—	厚度 2mm
	铜管	20	—	—	壁厚 2mm
	整块铜板	—	—	500×500	厚度 2mm
	网格铜板	—	—	600×600	各网格边截面 25mm×2mm，网格网边总长度不少于 4.8m
热镀锌钢	圆钢	14	78	—	—
	钢管	20	—	—	壁厚 2mm
	扁钢	—	90	—	厚度 3mm
	钢板	—	—	500×500	厚度 3mm
	网格钢板	—	—	600×600	各网格边截面 30mm×3mm，网格网边总长度不少于 4.8m
	型钢	注3	—	—	—
裸钢	钢绞线	—	70	—	每股直径 1.7mm
	圆钢	—	78	—	—
	扁钢	—	75	—	厚度 3mm
外表面镀铜的钢	圆钢	14	50	—	镀铜厚度至少 250μm，铜纯度 99.9%
	扁钢	—	90（厚 3mm）	—	
不锈钢	圆形导体	15	78	—	—
	扁形导体	—	100	—	厚度 2mm

注:1. 热镀锌层应光滑连贯、无焊剂斑点,镀锌层圆钢至少 22.7g/m²、扁钢至少 32.4 g/m²。

2. 热镀锌之前螺纹应先加工好。

3. 不同截面的型钢,其截面不小于 290mm²,最小厚度 3mm,可采用 50mm×50mm×3mm 角钢。

4. 当完全埋在混凝土中时才可采用裸钢。

5. 外表面镀铜的钢,铜应与钢结合良好。

6. 不锈钢中,铬的含量等于或大于 16%,镍的含量等于或大于 5%,钼的含量等于或大于 2%,碳的含量等于或小于 0.08%。

7. 截面积允许误差为 -3%。

三、避雷器

1. 避雷器的工作原理及作用

避雷器是用来防止线路的感应雷及沿线路侵入的过电压波对变电站内的电气设备造成的损害。它一般接于各段母线与架空线的进出口处,装在被保护设备的电源侧,与被保护设备并联,如图 9-2-2 所示。

1)工作原理

避雷器是连接在导线和地之间的一种防止雷击的设备,通常与被保护设备并联,正常时装置与地绝缘。当被保护设备在正常工作电压下运行时,避雷器不会产生作用,对地面来说视为断路。当出现雷击过电压时,装置与地由绝缘变成导通,并击穿放电,将雷电流或过电压引入大地,起到保护作用。过电压终止后,避雷器迅速恢复不通状态,恢复正常工作。一旦出现高电压,且危及被保护设备绝缘时,避雷器立即动作,将高电压冲击电流导向大地,从而限制电压幅值,保护电气设备绝缘。当过电压消失后,避雷器迅速恢复原状,使系统能够正常供电。避雷器是使雷电流流入大地,使电气设备不产生高压的一种装置。

2)作用

避雷器的主要作用是通过并联放电间隙或非线性电阻的作用,对入侵流动波进行削幅,降低被保护设备所受过电压值,从而达到保护电力设备的作用。

避雷器不仅可用来防护大气高电压,也可用来防护操作高电压。如果出现雷雨天气,电闪雷鸣就会出现高电压,电力设备就有可能有危险,此时避雷器就会起作用,保护电力设备免受损害。

避雷器的最大作用同时也是最重要的作用就是限制过电压以保护电气设备。

避雷器主要用来保护电力设备和电力线路,也用作防止高电压侵入室内的安全措施。

2. 避雷器类型

避雷器是使雷电流流入大地,具有保护间隙使电气设备不产生高压的一种装置,避雷器其主要类型有管型避雷器、阀型避雷器和金属氧化物避雷器等。每种类型的避雷器的主要工作原理是不同的,但是它们的工作实质是相同的,都是为了保护电力设备不受损害。

1)管型避雷器

(1)概述。管型避雷器是保护间隙型避雷器中的一种,实际是一种具有较高熄弧能力的保护间隙。它由两个串联间隙组成,一个间隙在大气中,称为外间隙,其作用就是隔离工作电压,避免产气管被流经管子的工频泄漏电流所烧坏;另一个装设在气管内,称为内间隙或者灭弧间隙,管型避雷器的灭弧能力与工频续流的大小有关。其结构如图 9-2-3 所示。

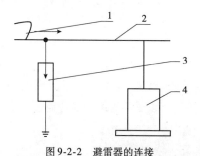

图 9-2-2　避雷器的连接

1-过电压波;2-线路;3-避雷器;4-被保护高压电气设备

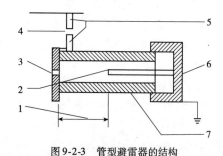

图 9-2-3　管型避雷器的结构

1-内间隙;2-内电极;3-喷气口;4-外间隙;5-外电极;6-端盖;7-灭弧管

(2)管型避雷器的主要优缺点。伏秒特性较陡且放电分散性较大,而一般变压器和其他设备绝缘的冲击放电伏秒特性较平,二者不能很好配合;管型避雷器动作后工作母线直接接地形成截波,对变压器纵绝缘不利。此外,其放电特性受大气条件影响较大,因此管型避雷器目前大多用在线路保护(如大跨越和交叉挡距以及发、变电站的进线保护)。这种避雷器可以在供电线路中发挥很好的功能,在供电线路中有效的保护各种设备。

2)阀型避雷器

阀型避雷器的外形图如图9-2-4所示,阀型避雷器由火花间隙及阀片电阻组成,阀片电阻的制作材料是特种碳化硅。利用碳化硅制作发片电阻可以有效地防止雷电和高电压,对设备进行保护。当有雷电高电压时,火花间隙被击穿,阀片电阻的电阻值下降,将雷电流引入大地,这就保护了电气设备免受雷电流的危害。在正常的情况下,火花间隙是不会被击穿的,阀片电阻的电阻值上升,阻止了正常交流电流通过。阀型避雷器是利用特种材料制成的避雷器,可以对电气设备进行保护,把电流直接导入大地。

(1)阀型避雷器型号解释。例如:FS3-10,其中F表示阀型避雷器,S表示线路用,3表示设计序号,10表示10kV;FZ4-10,F表示阀型避雷器,Z表示站用,4表示设计序号,10表示10kV。

(2)阀型避雷器的安装要求。

①安装之前检查瓷绝缘体,外观完好,无破损,无裂纹,密封良好,并经试验合格。

②避雷器应靠近被保护设备(6kV、10kV),避雷器与被保护设备之间电气距离不超过15m。

③避雷器应垂直安装,并应便于维护及检修。

④接地引下线应采用裸导线。

⑤连接应牢固。

⑥避雷器保护变压器时,应采用三位一体共同接地,接地电阻不大于4Ω。

(3)阀型避雷器的巡检周期。

①有人值班,每班一次。

②无人值班,每周一次。

③雷雨后增加巡检次数。

(4)阀型避雷器的巡检内容。

①瓷绝缘应无破损,无裂纹。

②无闪络放电痕迹。

③密封良好。

④连接应完好,接地引线应无断股,无腐蚀。

⑤避雷器内部应无异常声。

3)金属氧化物避雷器

金属氧化物避雷器外形图如图9-2-5所示,金属氧化物避雷器是当前限制过电压最先进的一种保护电器,被广泛地用于发电、输变电及配电系统中,保护电气设备的绝缘免受过电压的损害。

图 9-2-4　阀型避雷器的外形图　　图 9-2-5　金属氧化物避雷器外形图

有机外套金属氧化物避雷器是有机绝缘材料和传统的瓷套式金属氧化物避雷器技术优点相结合的科研成果,它不仅具有瓷套式金属氧化物避雷器的优点,还具有电气绝缘性能好,介电强度高、抗漏痕、抗电蚀、耐热、耐寒、耐老化、防爆、憎水性及密封性能好等优点。

以上介绍的是几种避雷器的主要作用,每种避雷器各自有各自的优点和特点,需要针对不同的环境进行使用,就能起到良好的绝缘效果。避雷器在额定电压下,相当于绝缘体,不会有任何的动作产生。当出现危机或者高电压的情况下,避雷器就会产生作用,将电流导入大地,有效的保护电力设备。

单元 9.3　高压电气设备接地

一、高压电气设备接地分类

接地装置的作用是将电流引入地中,按照接地目的的不同可以分为工作接地和保护接地两类。

1. 工作接地

为了保证电力系统正常运行的需要和在事故情况下电气设备能可靠工作,将电气设备的某一点接地称为工作接地。如变压器中性点接地、避雷器避雷线的接地等,如图 9-3-1 所示。

2. 保护接地

将电气设备中平时不带电,而故障时可能出现危险电压的金属部分予以接地。以保护人身安全,称为保护接地,如各种电气设备金属外壳的接地为保护接地,如图 9-3-2 所示。

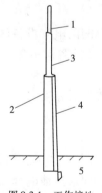

图 9-3-1　工作接地

1-引雷针;2-混凝土杆;3-接长钢管;4-接地线;5-接地体

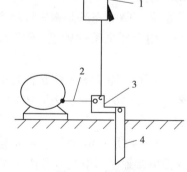

图 9-3-2　保护接地

1-开关外壳;2-接地支线;3-接地干线;4-接地体

保护接地一般应用在高压系统中,在中性点直接接地的低压系统中有时也有应用。保护接地可分为 3 种不同类型:TN 系统(保护接零)、IT 系统和 TT 系统(保护接地)。

1)TN 系统

TN 系统分为 TN-C 系统、TN-S 系统和 TN-C-S 系统,如图 9-3-3 所示。

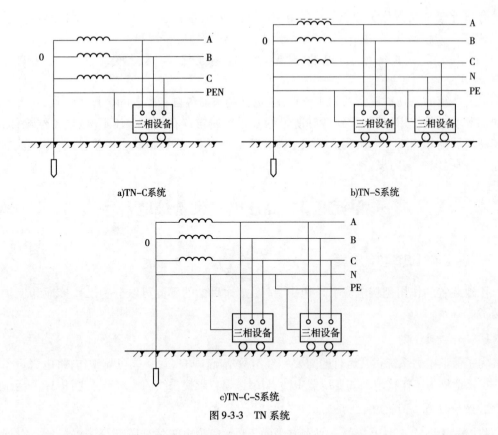

a)TN–C系统

b)TN–S系统

c)TN–C–S系统

图 9-3-3　TN 系统

（1）TN-C 系统。TN-C 系统是指中性线 N 与保护线 PE 是合在一起的,电气设备不带电金属部分与之相连,适用于三相负荷比较平衡且单相负荷不大的场所,在工厂低压设备接地保护中使用相当普遍。

（2）TN-S 系统。TN-S 系统是指中性线 N 与保护线 PE 分开,电气设备的金属外壳接在保护线 PE 上,适用于环境条件较差、安全可靠要求较高以及设备对电磁干扰要求较严的场所。

（3）TN-C-S 系统。TN-C-S 系统是两者的综合,电气设备大部分采用 TN-C 系统接线,在设备有特殊要求场合局部采用专设保护线接成 TN-S 形式。

2）IT 系统

IT 系统(图 9-3-4)是对电源小电流接地系统的保护接地方式,电气设备的不带电金属部分直接经接地体接地。当电气设备因故障使金属外壳带电时,接地电容电流分别经接地体和人体两条支路通过,只要接地装置的接地电阻在一定范围内,就会使流经人体的电流被限制在安全范围。

3）TT 系统

TT 系统(图 9-3-5)是针对大电流接地系统的保护接地。配电系统的中性线 N 引出,但电气设备的不带电金属部分经各自的接地装置直接接地,与系统接线不发生关系。发生绝缘损坏故障时,故障电流较大,对小容量设备,可使其熔丝熔断或自动开关跳闸切断电源;但对大容量设备无法确保切断电源,无法保障人身安全,可通过加装漏电保护开关来弥补。

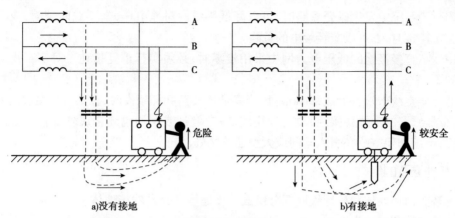

a)没有接地　　　　　　　　　b)有接地

图 9-3-4　IT 系统

3. 保护接地和保护接零中注意的问题

（1）同一中性点接地系统中，不能有的采取保护接地，有的又采取保护接零，否则当采取保护接地的设备发生单相接地故障时，采取保护接零的设备外露可导电部分将带上危险的电压。

（2）中性点不接地系统中，凡有电联系的设备的保护接地装置应连为一体。因为设备发生双碰壳时，将使所有设备外壳上出现危险的对地电压。

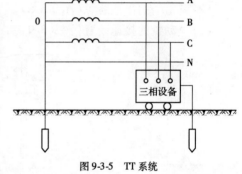

图 9-3-5　TT 系统

（3）在零线上不允许安装熔断器和开关，以防零线断线，失去保护接零的作用，为安全起见，中性线还必须实行重复接地，以保证接零保护的可靠性。

（4）不能把保护接地装置引下线作为单相设备的中性线。

（5）不能把中性线作为保护零线，安全性差。

4. 重复接地

在中性点直接接地的低压电力网中采用接零时，将零线上的一点或多点再次与大地作金属性连接，称为重复接地（图 9-3-6）。

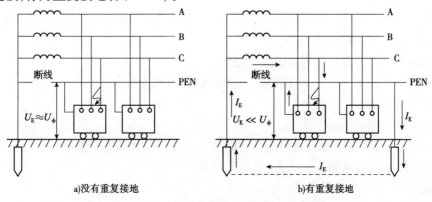

a)没有重复接地　　　　　　　　b)有重复接地

图 9-3-6　重复接地系统和没有重复接地系统

作用是当系统中发生碰壳短路时,可以降低零线的对地电压,当零线断裂时,或当零线与相线交叉连接时,都可以减轻触电的危险。

在中性点直接接地的低压电力网中采用接零时,必须实行重复接地。对实行重复接地的要求如下:

在低压架空线末端及沿线每1km处;当高低压线路共杆架设时,在共杆架设段的两端终端杆上,低压线路的零线要接地;没有专用线芯作零线,或利用电缆金属外皮作零线的低压电缆线路;电缆和架空线在引入车间或大型建筑物处。

二、接地装置的组成

接地装置由接地体和接地线两部分组成。接地体又分自然接地体和人工接地体。接地线又分接地干线和接地支线。

(1)避雷针的接地装置(图9-3-7)。

(2)避雷线的接地装置(图9-3-8)。

(3)电动机的接地装置(图9-3-9)。

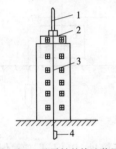
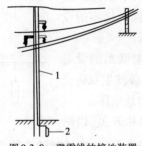
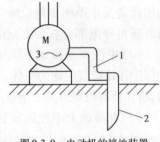

图 9-3-7 避雷针的接地装置
1-引雷针;2-基座;3-接地线;
4-接地体

图 9-3-8 避雷线的接地装置
1-接地线;2-接地体

图 9-3-9 电动机的接地装置
1-接地线;2-接地体

三、接地装置的安装

工作接地和保护接地都需要安装接地装置。接地装置的安装一般在基建施工和设备安装中进行。

1.电气装置中必须接地的地方

(1)电机、变压器、照明器具、携带式或移动式用电器及其他电气设备的底座和外壳。

(2)电气设备的操作机构。

(3)电流互感器和电压互感器的二次绕组。

(4)电力电缆的金属外皮,电缆终端头金属外壳,导线金属保护管等。

(5)装有避雷线的电力线路杆塔。

(6)配电盘与控制盘的框架。

(7)室内、外配电装置的金属构架和钢筋混凝土构架以及靠近带电部分的金属遮栏。

(8)装在配电线路构架上的开关、电容器等电气设备。

(9)避雷针、避雷线和避雷器。

(10)居民区内,无避雷线的小接地短路电流线路的金属杆塔和钢筋混凝土杆。

2. 利用自然接地体接地

(1) 自然接地体的种类主要包括以下两种:

① 地下自来水管以及不会引起燃烧、爆炸的其他地下金属管道。

② 与大地有可靠连接的建筑物的金属结构。

(2) 自然接地体与接地线的连接主要有以下两种方法:

① 自然接地体与接地线的连接一般采用焊接,如图 9-3-10 所示。接地线采用圆钢时,焊缝长度不小于圆钢直径的 6 倍。接地线采用扁钢时,焊缝长度不小于扁钢宽度的 2 倍。焊接面不少于 3 个棱边。焊接后,焊接处需涂刷沥青以防腐蚀。

② 金属管道自然接地体与接地线的连接可采用夹头或抱箍的压接方法。夹头适于管径较小的管道,抱箍适于管径较大的管道。两者均采用螺钉压接方法使接地线与自然接地体可靠连接,如图 9-3-11 所示。为降低接触电阻,连接处管道表面应清除干净,夹头、抱箍需经镀锌防锈处理。

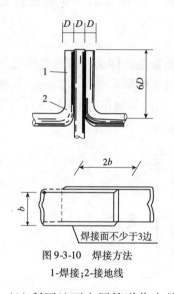

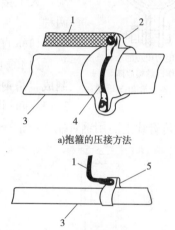

a) 抱箍的压接方法

b) 夹头的压接方法

图 9-3-10　焊接方法

1-焊接;2-接地线

图 9-3-11　夹头或抱箍的压接方法

1-接地线;2-金属抱箍;3-金属管道;4-跨接导线;5-金属夹头

(3) 利用地下金属管道作自然接地体时,在管接头及接线盒处都要采用跨接线可靠地焊接,以保证导电的连续性。管径为 50mm 以下时,跨接线采用直径为 6mm 的圆钢。管径为 50mm 以上时,跨接线采用 25mm ×4mm 的扁钢。如图 9-3-12、图 9-3-13 所示。若管壁较薄,不宜焊接,也可采用夹头跨接的方法,如图 9-3-14 所示。

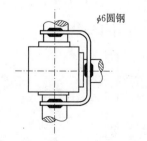

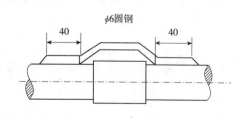

图 9-3-12　跨接线可靠地焊接(一)

图 9-3-13　跨接线可靠地焊接(二)

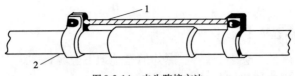

图 9-3-14　夹头跨接方法

1-多股裸导线;2-金属夹头

(4)利用建筑物的金属结构作自然接地体时,必须保证它们是良好的导电通路。在所有钢筋搭接处,用螺钉串接的金属杆件之间,都应用截面为 $100 \sim 160\text{mm}^2$ 的钢材焊接。

(5)利用电力电缆的金属外皮作自然接地体时,先将电缆的外皮刮干净,再在电缆上绕 2mm 厚的铝带。然后用卡箍紧固,并作为接地线引出,如图 9-3-15 所示。

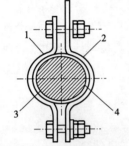

图 9-3-15　电力电缆的金属外皮
作自然接地体

1-卡箍①;2-卡箍②;3-电缆;
4-铅垫

3. 人工接地体的制作与安装

人工接地体分垂直安装的接地体和水平安装的接地体两种。

1)垂直安装的接地体

(1)垂直接地体的制作。垂直接地体采用镀锌角钢或钢管制成。角钢厚度不小于 4mm,钢管壁厚不小于 3.5mm。长度在 $2 \sim 3\text{m}$ 间,其下端加工成尖形。用角钢制作(图 9-3-16),其尖点应在角钢角脊线上。用钢管制作(图 9-3-17),要单边斜削保持一个尖点。

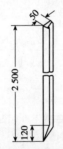

图 9-3-16　垂直接地体的角钢制作

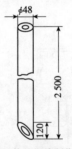

图 9-3-17　垂直接地体的钢管制作(尺寸单位:mm)

(2)垂直接地体的安装方法。垂直接地体采用打桩法将接地体打入地下。接地体要与地面垂直,不要歪斜,有效深度不小于 2m。角钢接地体安装时,应敲打角钢端面角脊处,如图 9-3-18 所示。

钢管接地体安装时,应敲打尖端对应的顶点位置,这样容易打入、打直,如图 9-3-19 所示。

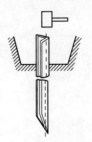

图 9-3-18　垂直接地体的角钢安装方法

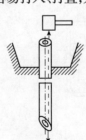

图 9-3-19　垂直接地体的钢管安装方法

（3）垂直接地体安装尺寸如图9-3-20所示。若接地体与接地线在地下连接,应先将接地体和接地线焊接牢固,并涂刷防腐沥青后,再推土夯实。

2）水平安装的接地体

常见的水平接地体如图9-3-21所示,有带型、环型和放射型等。多采用 $\phi16$ 的圆钢或 $40\text{mm}\times4\text{mm}$ 扁钢制成。埋设深度一般在 $0.6\sim1\text{m}$ 之间。

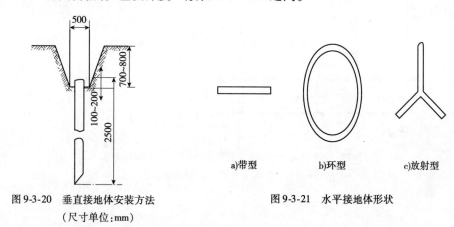

图9-3-20　垂直接地体安装方法
（尺寸单位:mm）

a)带型　　b)环型　　c)放射型

图9-3-21　水平接地体形状

四、人工接地线的安装

1. 垂直接地体与接地干线连接板的焊接

1）角钢接地体顶端焊接连接板,如图9-3-22所示。

2）角钢接地体垂直面焊接连接板,如图9-3-23所示。

3）钢管接地体顶端垂直面焊接连接板,如图9-3-24所示。

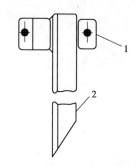

图9-3-22　角钢接地体顶端焊接连接板
1-接地干线连接板;2-接地体

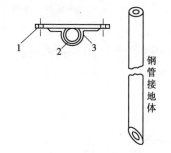

钢管接地体

图9-3-23　角钢接地体垂直面焊接连接板
1-接地干线连接板;2-接地体;3-骑马镶块

2. 接地网中各接地体间的连接

略。

3. 室内接地干线的安装

（1）室内接地干线安装如图9-3-25所示。接地干线与墙壁间应留 $15\sim20\text{mm}$ 的间隙。水平安装时应离地面 $200\sim600\text{mm}$ 。

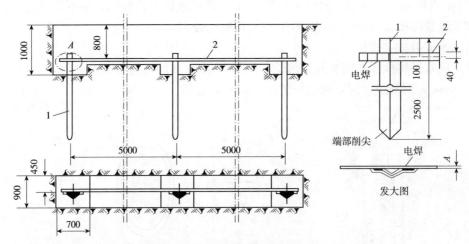

图 9-3-24　钢管接地体顶端垂直面焊接连接板(尺寸单位:mm)
1-角钢接地体;2-接地网干线扁钢

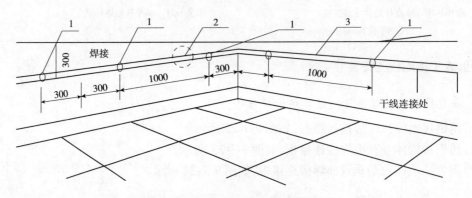

图 9-3-25　室内接地干线安装(尺寸单位:mm)
1-卡子;2-接地端子;3-接地干线

(2)接地干线支持卡子应预埋在墙上,安装方法如图 9-3-26 所示。

(3)在接地干线上应做接线端子,以连接接地支线,如图 9-3-27 所示。

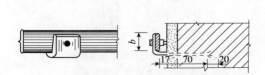

图 9-3-26　接地干线支持卡子应预埋在墙上安装方法
(尺寸单位:mm)

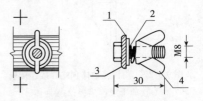

图 9-3-27　接地干线上做接线端子(尺寸单位:mm)
1-镀锌垫圈;2-弹簧垫圈;3-接地干线;4-蝶形螺母

4.室内接地干线由建筑物内引出安装

(1)室内接地干线由室内地坪下引出,其安装方法如图 9-3-28 所示。

(2)室内接地干线由室内地坪上引出,其安装方法如图 9-3-29 所示。

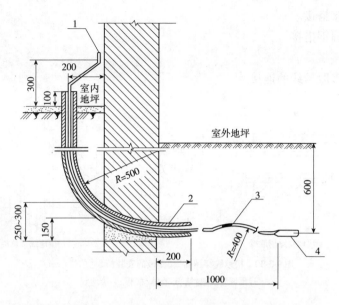

图 9-3-28　室内接地干线由室内地坪下引出的安装方法(尺寸单位:mm)

1-接地干线;2-φ50 钢管;3-接地连接线;4-至接地装置

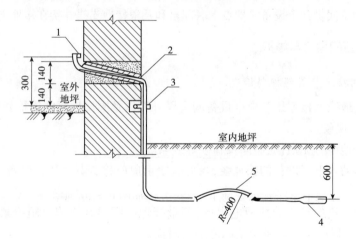

图 9-3-29　室内接地干线由室内地坪上引出的安装方法(尺寸单位:mm)

1-接地干线;2-φ40 钢管;3-支板;4-至接地装置;5-接地连接线

5. 接地线穿越墙壁、楼板的安装

接地线穿越墙壁和楼板时,应在穿越处装设钢管。接地线穿过后,钢管两端要用沥青棉纱封严。

(1)接地线穿越墙壁[图 9-3-30a)]。

(2)接地线穿越楼板[图 9-3-30b)]。

6. 接地干线的连接

接地干线的连接采用焊接。连接形式有以下几种:

(1)圆钢直角搭接。

（2）圆钢直接搭接。

（3）圆钢与扁钢搭接。

（4）扁钢直接搭接。

（5）扁钢与多股导线的连接。

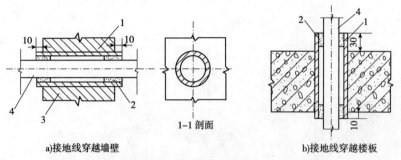

图 9-3-30　接地线穿越墙壁、楼板的安装（尺寸单位：mm）
1-预埋管；2-封堵；3-墙体/楼板；4-接地线

7. 接地支线的安装

多个电气设备的接地连接时，每个设备的接地点必须用一根接地支线与接地干线相连接。不允许一根接地支线把几个设备接地点串联起来和几根接地支线并接在接地干线一点上。

五、接地装置的运行与维护

1. 运行中的接地装置巡视与检查

（1）检查接地线或接零线与电气设备的金属外壳以及同接地网的连接处连接是否良好，有无松动脱落等现象。

（2）检查接地线有无损伤、碰断及腐蚀等现象。

（3）对于移动式电气设备的接地线，在每次使用前应检查其接地线情况，观察有无断股现象。

（4）定期测量接地装置的接地电阻值，测量接地电阻要在土壤电阻率最大的季节内进行，即夏季土壤干燥时期和冬季土壤冰冻最甚时期。

2. 接地装置的维护

（1）要经常观察人工接地体周围的环境情况，不应堆放具有强烈腐蚀性的化学物质。

（2）对于接地装置与公路、铁路或管道等交叉的地方，应采用保护措施，以防碰伤损坏接地线。

（3）接地装置在接地线引进建筑物的入口处，最好有明显的标志，以便为运行维护工作提供方便。

（4）明敷的接地线表面所涂的漆应完好。

（5）电气设备在每次大修后，应着重检查其接地线连接是否牢固。

（6）当发现运行中接地装置的接地电阻不符合要求时，可采用降低电阻的措施，如将接地体引至土壤电阻率较低的地方、装设引外接地体，或者在接地坑内填入化学降阻剂。

复习与思考题

1. 什么是主放电?

2. 接闪器主要有哪几种?

3. 避雷器主要有哪几种?

4. 简述避雷器的工作原理?

5. 管型避雷器、阀型避雷器、氧化锌避雷器各用在哪些场合?

6. 接地有哪几种类型?

7. 什么是工作接地? 什么是保护接地?

8. 接地装置由哪几部分组成?

9. 电气装置哪些部位需要接地?

10. 接地干线连接主要有哪几种?

参 考 文 献

[1] 郑瞳炽,张明锐.城市轨道交通牵引供电系统[M].北京:中国铁道出版社,2000.

[2] 宋奇吼,李学武.城市轨道交通供电[M].北京:中国铁道出版社,2013.

[3] 张莹,陶艳.城市轨道交通供电技术[M].北京:人民交通出版社,2010.

[4] 赵勇.高电压设备测试[M].北京:人民交通出版社,2014.

[5] 仇海兵.城市轨道交通车站设备[M].北京:人民交通出版社,2012.

[6] 李树海.电工(低压运行维修)[M].北京:化学工业出版社,2010.

[7] 于涛.城市轨道交通电工电子[M].北京:机械工业出版社,2011.

[8] 黄德胜,张巍.地下铁道供电[M].北京:中国电力出版社,2010.

[9] 李建民.城市轨道交通供电[M].成都:西南交通大学出版社,2007.

[10] 北京市工伤及职业危害预防中心.电工(高压运行维修)[M].北京:化学工业出版社,2013.

[11] 于松伟,等.城市轨道交通供电系统设计原理与应用[M].成都:西南交通大学出版社,2008.

[12] 吴广宁,等.轨道交通供电系统的防雷与接地[M].北京:科学出版社,2011.

[13] 李晓江.城市轨道交通技术规范实施指南[M].北京:中国建筑工业出版社,2009.

[14] 北京市工伤及职业危害预防中心.电工(低压运行维修)[M].北京:化学工业出版社,2010.

[15] 中铁七局集团电务工程有限公司.城市轨道交通供电系统设计安装技术手册[M].北京:中国铁道出版社,2011.